青海省
清洁能源发展报告

2021

QINGHAI PROVINCE CLEAN ENERGY
DEVELOPMENT REPORT

青 海 省 能 源 局
水电水利规划设计总院 编

U0291622

中国水利水电出版社
www.waterpub.com.cn
·北京·

图书在版编目（ＣＩＰ）数据

青海省清洁能源发展报告. 2021 / 青海省能源局,
水电水利规划设计总院编. -- 北京 : 中国水利水电出版
社，2022.12
　　ISBN 978-7-5226-1319-2

　　Ⅰ．①青… Ⅱ．①青… ②水… Ⅲ．①无污染能源－
能源发展－研究报告－青海－2021 Ⅳ．①F426.2

中国国家版本馆CIP数据核字(2023)第027488号

书　　名	**青海省清洁能源发展报告 2021** QINGHAI SHENG QINGJIE NENGYUAN FAZHAN BAOGAO 2021	
作　　者	青海省能源局　水电水利规划设计总院　编	
出版发行	中国水利水电出版社 （北京市海淀区玉渊潭南路 1 号 D 座　100038） 网址：www. waterpub. com. cn E - mail：sales@ mwr. gov. cn 电话：（010）68545888（营销中心）	
经　　售	北京科水图书销售有限公司 电话：（010）68545874、63202643 全国各地新华书店和相关出版物销售网点	
排　　版	中国水利水电出版社微机排版中心	
印　　刷	天津嘉恒印务有限公司	
规　　格	210mm×285mm　16 开本　5.75 印张　129 千字	
版　　次	2022 年 12 月第 1 版　2022 年 12 月第 1 次印刷	
定　　价	**198.00 元**	

编 委 会

前　言

　　能源是人类文明进步的基础和动力，关系国家安全和社会发展。国家提出的"四个革命、一个合作"能源安全新战略，开辟了中国特色能源发展新道路，为新时代中国能源发展指明了方向。中央财经委员会第九次会议提出，构建清洁低碳安全高效的能源体系，控制化石能源总量，实施可再生能源替代行动，深化电力体制改革，构建以新能源为主体的新型电力系统。中国将提高国家自主贡献力度，采取更加有力的政策和措施，力争 2030 年前二氧化碳排放达到峰值，努力争取 2060 年前实现碳中和。

　　2021 年 3 月，习近平总书记在参加十三届全国人大四次会议青海代表团审议时，提出"打造国家清洁能源产业高地"的重要指示，青海省能源局联合水电水利规划设计总院共同研究拟定了《青海打造国家清洁能源产业高地行动方案（2021—2030）》，先后经省政府常务会议、省委常委会议、省部共建青海国家清洁能源示范省第一次协调推进会审议后，由青海省人民政府、国家能源局联合印发，提出发挥青海清洁能源优势，以服务全国碳达峰、碳中和目标为己任，以"双主导"推动"双脱钩"的发展目标。

　　2021 年是"十四五"开局之年，面对复杂严峻的发展环境，青海省聚焦党中央为青海确定的战略定位和行动纲领，牢牢把握"三个最大"省情定位和"三个更加重要"战略地位，践行"一优两高"战略，落实产业"四地"建设。2021 年是青海省建设国家清洁能源产业高地起步之年，清洁能源在优化能源结构中的作用不断增强，发展质量得到较大提升，一批清洁能源重大工程项目稳步推进，为能源领域稳投资、促发展发挥了关键作用，实现了"十四五"良好开局。

　　近年来，青海省清洁能源发展规模显著提升，是全国首个新能源装机过半的省级行政区，目前已形成以水电、光伏、风电为主，光热发电与生物质发电为补充的多元化发展格局。截至 2021 年年底，青海省常规水电装机容量约 1193 万 kW，占全国常规水电总装机容量的 3.4%，居全国第 9 位；光伏发电装机容量 1611 万 kW，占全国光伏发电总装机容量的 5.3%，居全国第 6 位；光热发电装机容量 21 万 kW，占全国光热发电总装机容量的 36.8%，与甘肃省并列全国第 1 位；风电装机容量 896 万 kW，占全国风电总装机容量的 2.7%，居全国第 13 位；青海省水电、太阳能发电、风电总装机容量占全国水电、太阳能发电、风电总装机容量的 3.6%。能源结构更加清洁，清洁能源发电装机容量占比达到 90.5%，清洁能源发电量占比为 80.5%，两项指标均位居全国前列。 在国家第一批以沙漠、戈壁、荒漠地区为重点的大型风电光伏基地建设项目中，青海省基地建设项目规模占比超过 10%，居全国第 2 位。

《青海省清洁能源发展报告 2021》由青海省能源局和水电水利规划设计总院联合编写，全面总结了青海省清洁能源发展成就，对标全国，分析研判未来发展趋势，为青海省打造国家清洁能源产业高地提出切实可行的发展建议与方向。 在报告编写过程中，得到各市（州）能源主管部门、国家电网青海省电力公司、中国电建集团西北勘测设计研究院有限公司等相关企业、有关机构的大力支持和指导，在此谨致衷心感谢。

青海省能源局

水电水利规划设计总院

2022 年 11 月

目　录

1 发展综述

　　2021 年，青海省牢牢把握"青海最大的价值在生态、最大的责任在生态、最大的潜力也在生态"的"三个最大"省情定位，牢记青海生态安全地位更加重要、国土安全地位更加重要、资源能源安全地位更加重要的"三个更加重要"战略地位，践行"坚持生态保护优先、推动高质量发展、创造高品质生活"的"一优两高"战略，加快打造国家清洁能源产业高地，全力以赴保障能源供应，为保障新冠肺炎疫情影响下的能源市场供应稳定、促进青海省经济社会发展做出了重要贡献。 2021 年，青海省持续加强清洁能源生产供应，作为国家重要清洁能源基地的地位进一步巩固，清洁能源作为青海省主导产业的地位进一步提升。 2021 年，清洁能源保障能力持续加强，水电装机容量居全国第 9 位，新能源发电装机容量居全国第 10 位，清洁能源发电总装机容量居全国第 14 位，总发电量居全国第 8 位，全社会用电量居全国第 28 位。 2021 年，青海省能源结构更趋清洁，清洁能源发电装机容量占全省总装机容量的 90.5%，居全国第 1 位；全年清洁能源发电量占全省总发电量的 85.5%，居全国第 3 位。

　　2021 年国家下达的青海省可再生能源电力消纳责任权重最低值为 69.5%，激励值为 77.0%，2021 年实际完成值为 77.1%，居全国第 3 位，分别超过国家下达的最低值和激励值 7.6 个百分点、0.1 个百分点；2021 年国家下达的青海省可再生能源电力非水消纳责任权重最低值为 24.5%，激励值为 27.0%，2021 年实际完成值为 29.3%，居全国第 1 位，分别超过国家下达的最低值和激励值 4.8 个百分点、2.3 个百分点。

1.1　2021 年清洁能源发电装机容量

　　截至 2021 年年底，青海省各类电源总装机容量 4114 万 kW，同比增长 2.1%。 其中，火电装机容量 392 万 kW（不含沼气发电装机容量 0.8 万 kW），与 2020 年持平；清洁能源发电装机容量 3722 万 kW，同比增长 2.3%。 2021 年清洁能源发电装机容量占全部电力装机容量的 90.5%，比 2020 年提高约 0.2 个百分点。 清洁能源发电装机容量中，水电装机容量 1193 万 kW，与 2020 年持平；风电装机容量 896 万 kW，同比增长 6.3%；太阳能发电装机容量 1632 万 kW，同比增长 1.9%；生物质发电装机容量 0.8 万 kW，同比增长 60%。 各类电源装机容量变化及占比见表 1.1 和图 1.1、图 1.2。

表 1.1　　　　　　　　　2021 年和 2020 年各类电源装机容量

电源类型	装机容量/万 kW		同比增长 /%	备注
	2021 年	2020 年		
各类电源总装机容量	4114	4029	2.1	
清洁能源发电	3722	3637	2.3	

电源类型	装机容量/万 kW		同比增长 /%	备注
	2021 年	2020 年		
风电	896	843	6.3	
太阳能发电	1632	1601	1.9	
其中：光伏发电	1611	1580	1.9	
光热发电	21	21	0	
水电	1193	1193	0	
生物质发电	0.8	0.5	60	
火电	392	392	0	不含沼气发电装机容量 0.8 万 kW

注 装机容量均为并网口径，与全国电力工业统计快报口径一致。

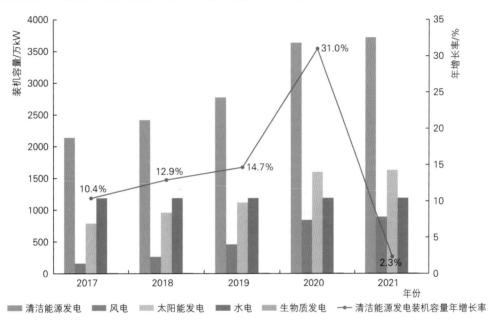

图 1.1　2017—2021 年清洁能源发电装机容量及年增长率变化对比

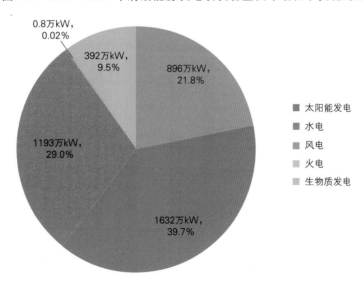

图 1.2　青海省 2021 年各类电源装机容量及占比

截至 2021 年年底，青海省 6000kW 及以上各类电源总装机容量 4076 万 kW，其中水电装机容量 1193 万 kW，风电装机容量 896 万 kW，太阳能发电装机容量 1595 万 kW，火电装机容量 392 万 kW。

1.2　2021 年清洁能源发电量

2021 年，青海省各类电源全口径总发电量 989 亿 kW·h，同比增长 4.3%，其中火电发电量 143 亿 kW·h（不含沼气发电量），清洁能源发电量 846 亿 kW·h，占全部发电量的 85.5%。清洁能源发电量中，水电发电量 505 亿 kW·h，风电发电量 130 亿 kW·h，太阳能发电量 211 亿 kW·h，生物质发电量 0.23 亿 kW·h，其中风电、太阳能、生物质发电量增长幅度较大，水电发电量因来水偏枯下降幅度较大。各类电源发电量变化及占比见表 1.2 和图 1.3、图 1.4。

表 1.2　　　　　　　　　　　2021 年与 2020 年各类电源发电量一览表

电源类型	发电量/(亿 kW·h)		同比增长 /%	备　注
	2021 年	2020 年		
各类电源总发电量	989	948	4.3	
清洁能源发电	846	847	−0.2	
风电	130	82	58.5	
太阳能发电	211	167	26.3	
水电	505	599	−15.7	
生物质发电	0.23	0.13	76.9	
火电	143	101	41.6	不含沼气发电量

注　发电量均为并网口径，与全国电力工业统计快报口径一致。

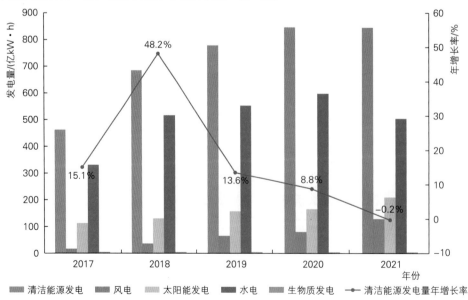

图 1.3　2017—2021 年清洁能源发电量及年增长率变化对比

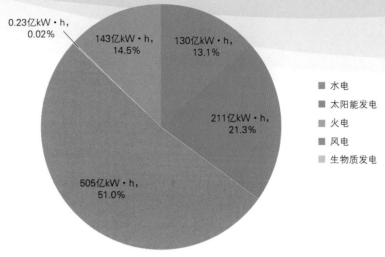

图 1.4　青海省 2021 年各类电源发电量及占比

2021 年，青海省 6000kW 及以上各类电源总发电量 984 亿 kW·h，同比增长 4.3%，其中火电发电量 143 亿 kW·h，清洁能源发电量 840 亿 kW·h，占全部发电量的 85.4%。清洁能源发电量中，水电发电量 505 亿 kW·h，风电发电量 130 亿 kW·h，太阳能发电量 205 亿 kW·h。

1.3　清洁能源非电利用

青海省地热资源丰富，地热资源勘查逐步加强，但开发利用仍处于初级阶段。在水热型地热开发利用方面，以温泉洗浴利用为主，辅以少量地热供暖以及农业利用。温泉洗浴利用方面主要有西宁市温泉游泳馆、贵德县扎仓温泉、大柴旦行政区温泉、湟中区药水滩温泉、互助土族自治县酒厂温泉等项目，地热供暖利用方面主要有西宁市瑞锦湖畔家园、共和县恰卜恰镇等项目，地热农业利用主要是建成了占地面积 42.5 万 m² 的共和县高科技生态农业示范园区。在干热岩开发利用方面，共和县恰卜恰镇已成功实现我国首次干热岩试验性发电，装机规模 300kW。青海省地热开发从资源利用向能源利用逐步转变，为青海省打造国家清洁能源产业高地贡献了"地热力量"。

青海省生物质资源一般，省域内生物质资源开发潜力为 372.7 万 t 标准煤，生物质项目均为生活垃圾发电项目。在生物质非电利用方面，青海省畜禽粪污、林业剩余物等生物质资源能源化利用程度低，尚未建成规模化生物天然气工程。

2 发展形势

2.1　世界清洁能源发展形势

当前，应对气候变化、大力发展可再生能源已成为全球共识，世界主要国家和地区纷纷提高应对气候变化自主贡献力度，已有超过 40 个国家和地区明确碳中和发展目标。 全球可再生能源发展迎来更加有利的外部环境，能源转型进程明显加快，以风电、光伏发电为代表的新能源呈现技术快速进步、经济性持续提升、应用规模加速扩大的态势，大力发展可再生能源成为了全球能源低碳转型的主导方向。 中国将成为未来推动可再生能源发展的主要力量。

2021 年新冠肺炎疫情继续在全球跌宕蔓延，对经济社会发展产生持续影响，但全球可再生能源依旧保持快速增长。 尽管大宗商品和能源价格上涨给可再生能源投资带来了上行压力，但化石燃料价格上涨也使可再生能源在成本上更具竞争力。 2021 年全球可再生能源发电装机容量达 306393 万 kW，新增装机容量达 25666 万 kW，与 2020 年基本持平。 其中，全球水电（含抽水蓄能）装机容量 136005 万 kW，较 2020 年增长 2494 万 kW，新增装机容量主要在中国；光伏发电装机容量 84947 万 kW，较 2020 年增长 13269 万 kW，新增装机容量主要在亚洲、欧洲和北美洲；风电装机容量 82487 万 kW，较 2020 年增长 9311 万 kW，其中陆上风电新增装机容量 7179 万 kW，海上风电新增装机容量 2132 万 kW，新增装机容量主要在亚洲、北美洲和欧洲。

2.2　中国清洁能源发展整体形势

中国清洁能源发电新增装机容量在 2021 年仍然保持较快增长趋势，预计未来五年仍将在全球保持领先地位。 中国清洁能源进入全面"风光"时代，坚持集中式和分布式并举，大力提升风电、光伏发电规模，建设一批多能互补清洁能源基地，同时加快发展分布式新能源。

为应对严峻的国家能源安全保障形势和突出的环境污染问题，国家提出推进能源生产和消费革命，构建清洁低碳、安全高效的现代能源体系，实施能源绿色发展战略，推动清洁能源成为能源增量主体。 大力发展水能、风能、太阳能等清洁能源，构建高比例清洁能源体系是构建现代能源体系的重要路径，是优化能源结构、保障能源安全、推进生态文明建设的重要举措。

为深入贯彻落实党中央、国务院关于碳达峰碳中和的重大战略决策，国务院先后印发了《2030 年前碳达峰行动方案》和《关于完整准确全面贯彻新发展理念做好碳达峰碳中和工作的意见》，明确了碳达峰碳中和的重点工作和具体措施。 在 2021 年的政府工作报告中，"扎实做好碳达峰、碳中和各项工作"被列为 2021 年重点任务之一；国家"十四五"规划纲要也明确提出加快推动绿色低碳发展。

综合来看，伴随着中国能源生产和消费革命的加快推进，能源生产质量将逐步提高，能源消费基本保持稳定增长态势。消费结构方面，非化石能源消费占比不断提升，在逐渐成为能源消费增量主体的同时，逐步走向存量替代。清洁能源生产方面，常规水电和抽水蓄能仍有较大的发展潜力；随着技术进步、成本下降和系统灵活性提升，新能源逐渐成为清洁能源电力的增量主体，但总体来看，新能源发电量在全国总发电量中的占比仍低于世界平均水平；受环境政策、气源条件、气电价格等因素影响，短期内天然气发电发展定位将以调峰为主。

2.3　青海省清洁能源发电装机容量及发电量稳步增长

青海省是我国重要的生态安全屏障，被誉为"中华水塔"，是黄河、长江和澜沧江的发源地，在促进生态安全、国土安全、能源资源安全方面发挥了重要作用。依托丰富的风能、太阳能等资源优势，青海省积极推动能源结构调整，大力发展风电、太阳能发电等清洁能源，已建成海南藏族自治州、海西蒙古族藏族自治州两个千万千瓦级清洁能源基地，青海省清洁能源发电装机容量和发电量均保持了稳步增长。

2017—2021 年，青海省清洁能源发电装机容量年均增长率为 14.8%，在全省电力总装机容量中的占比从 2017 年的 84.3% 提升到 2021 年的 90.5%，火电装机容量占比从 15.7% 下降到 9.5%。清洁能源发电量年均增长率为 16.3%，在全省电力总发电量中的占比从 2017 年的 75.2% 提升到 2021 年的 85.5%。

2017—2021 年，青海省清洁能源发电装机容量及新增装机容量变化见表 2.1 和图 2.1。从

表 2.1　2017—2021 年青海省清洁能源发电装机容量及新增装机容量一览表

年　　份	2017	2018	2019	2020	2021
清洁能源发电装机容量/万 kW	2144	2421	2776	3637	3722
电力总装机容量/万 kW	2543	2800	3168	4029	4114
装机容量占比(清洁能源发电装机容量/电力总装机容量)/%	84.3	86.5	87.6	90.3	90.5
清洁能源发电新增装机容量/万 kW	202	277	355	861	85
新增电力总装机容量[①]/万 kW	198	257	368	861	85
新增装机容量占比(清洁能源发电新增装机容量/新增电力总装机容量)/%	102.0	107.8	96.5	100.0	100.0

①　新增装机容量占比超过 100% 的原因是存在某一品类电源装机容量降低的情况，如 2017 年火电装机容量降低 3 万 kW，2018 年火电装机容量降低 20 万 kW。

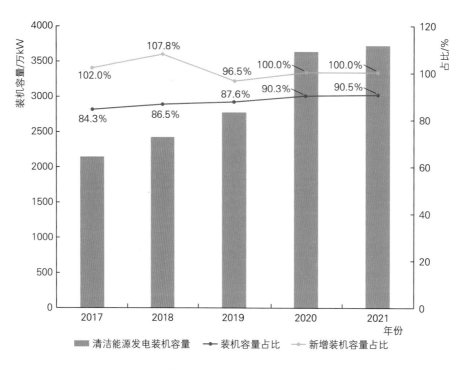

图 2.1 2017—2021 年青海省清洁能源发电装机容量及新增装机容量变化

装机容量增量来看，2017—2021 年清洁能源发电新增装机容量在新增电力总装机容量中的占比超过 96%，除 2019 年外，新增装机全部为清洁能源。

2017—2021 年，青海省清洁能源发电量及新增发电量变化见表 2.2 和图 2.2。 从发电量占比来看，2021 年清洁能源发电量在总发电量中的占比约为 85.5%，2018—2021 年连续四年清洁能源发电量占比超过 85%。

表 2.2 　　　　2017—2021 年青海省清洁能源发电量及新增发电量一览表

年　份	2017	2018	2019	2020	2021
清洁能源发电量/(亿 kW·h)	463	686	779	847	846
电力总发电量/(亿 kW·h)	616	805	883	948	989
发电量占比(清洁能源发电量/ 电力总发电量)/%	75.2	85.2	88.2	89.3	85.5
新增清洁能源发电量/(亿 kW·h)	61	223	93	68	−1①
新增电力总发电量/(亿 kW·h)	63	189	78	65	41
新增发电量占比②(新增清洁能源发电量/ 新增电力总发电量)/%	96.8	118.0	119.2	104.6	−2.4

① 2021 年来水偏枯，水电发电量大幅降低，致使 2021 年清洁能源发电量相比 2020 年降低。

② 新增发电量占比超过 100%的原因是全年火电发电量降低，如 2018 年火电发电量降低 34 亿 kW·h，2019年火电发电量降低 15 亿 kW·h，2020 年火电发电量降低 3 亿 kW·h。

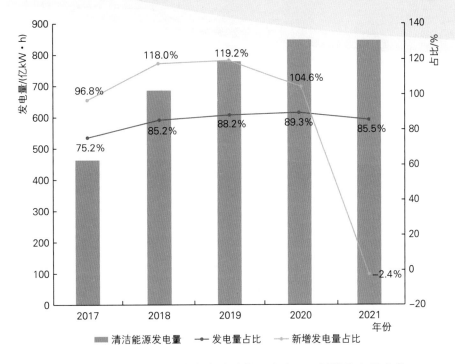

图 2.2　2017—2021 年青海省清洁能源发电量及新增发电量变化

2.4　青海省新能源呈现多元协同发展趋势

　　青海省立足自身资源优势与产业基础，积极探索上下游一体化发展，多措并举加快推动全省绿色低碳发展。青海省在沙漠、戈壁、荒漠地区规划建设大型风电光伏基地，建立以多能互补一体化和源网荷储一体化模式为主的市场化并网项目发展导向机制；全力推进风电、光伏等新能源大规模开发利用，带动全省新能源产业链上下游协同发展，助力地区能源结构转型。

　　2017—2021 年，风电、太阳能发电等新能源发展迅速，风电、太阳能发电装机容量及发电量在青海省清洁能源发电中的占比均保持较高水平，如图 2.3 和图 2.4 所示。截至 2021 年年底，青海省清洁能源发电装机容量达 3722 万 kW，风电、太阳能发电装机容量在清洁能源发电装机容量中的占比，从 2017 年的 44.4% 提升到 2021 年的 67.9%；2021 年青海省清洁能源发电量 846 亿 kW·h，风电、太阳能发电量在清洁能源总发电量中的占比，从 2017 年的 28.3% 提升到 2021 年的 40.3%，风电、太阳能发电量在清洁能源发电量中的占比保持上升趋势。

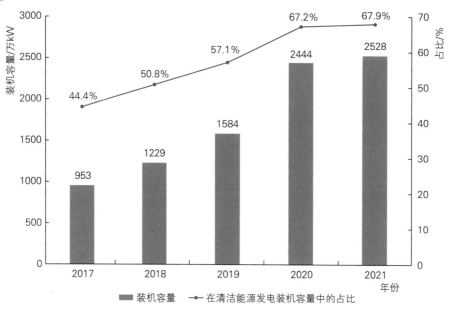

图 2.3　2017—2021 年青海省风电、太阳能发电装机容量及占比

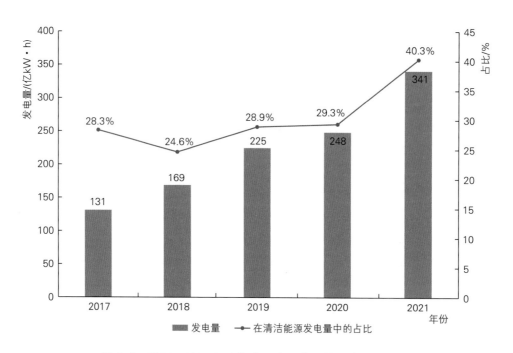

图 2.4　2017—2021 年青海省风电、太阳能发电量及占比

2.5　青海省常规水电和抽水蓄能有序发展

　　常规水电方面，青海省已建、在建大中型水电站主要集中在黄河干流龙羊峡及以下河段，在建水电站为玛尔挡水电站和羊曲水电站。此外，拉西瓦、李家峡水电站扩机项目也在有序推进中，其中拉西瓦水电站 4 号机组于 2021 年 12 月 28 日顺利通过 72h 试运行，正式投

产发电。 茨哈峡水电站被列入国家"十四五"时期重大水电项目。

　　抽水蓄能方面，青海省尚无已建、在建抽水蓄能电站。 青海省共有 22 个项目纳入《抽水蓄能中长期发展规划（2021—2035 年）》重点实施项目，规划总装机容量 3490 万 kW；4 个项目纳入《抽水蓄能中长期发展规划（2021—2035 年）》储备项目，规划总装机容量 680 万 kW。 2021 年，哇让抽水蓄能电站项目和龙羊峡储能项目通过预可行性研究审查，前期工作推进到可行性研究阶段。

3 常规水电及抽水蓄能

3.1 发展现状

水能资源丰富，被誉为"中华水塔"

青海省是黄河、长江和澜沧江的发源地，山高水长，河床天然落差大，水量丰沛且稳定，水能资源丰富。青海省内流域分为黄河流域、长江流域、澜沧江流域和内陆河流域四大流域区。青海省地势总体呈西高东低、南北高中部低的态势，分布在省境东部及南部的诸山系，构成峻岭狭谷相间地形，山高谷深，地形复杂，大小河流穿行其间，水力资源十分丰富。根据2003年全国水力资源复查成果，青海省水力资源技术可开发装机容量2314.04万kW，年发电量913.44亿kW·h。

常规水电资源开发程度近半，技术经济条件较好的水能资源基本得到利用

截至2021年年底，全国水电装机容量39092万kW，其中常规水电装机容量35453万kW。青海省已投产常规水电装机容量约1193万kW，占全国常规水电装机容量的3.37%。青海省常规水电资源开发程度近半，技术经济条件较好的水能资源基本得到利用。

2021年常规水电装机规模按行政区域划分布局如下：

（1）海南藏族自治州水电装机容量546.1万kW，居全省首位。其中，大型水电站3座，包括班多水电站（36万kW）、龙羊峡水电站（128万kW）、拉西瓦水电站（350万kW），均位于黄河干流；中型水电站2座，包括尼那水电站（16万kW）、尕曲水电站（8万kW）；小型水电站33座，装机容量合计8.1万kW。

（2）海东市水电装机容量345.3万kW，居全省第二位。其中，大型水电站2座，包括公伯峡水电站（150万kW）、积石峡水电站（102万kW），均位于黄河干流；中型水电站4座，包括苏只水电站（22.5万kW）、黄丰水电站（22.5万kW）、大河家水电站（14.2万kW）、金沙峡水电站（7万kW）；小型水电站25座，装机容量合计27.1万kW。

（3）黄南藏族自治州水电装机容量221.6万kW，居全省第三位。其中，大型水电站1座，为李家峡水电站（160万kW），位于黄河干流；中型水电站2座，包括直岗拉卡水电站（19万kW）、康扬水电站（28.4万kW）；小型水电站24座，装机容量合计14.2万kW。

（4）海北藏族自治州水电装机容量38.5万kW。其中，中型水电站2座，包括石头峡水电站（9万kW）、纳子峡水电站（8.7万kW）；小型水电站35座，装机容量合计20.8万kW。

（5）海西蒙古族藏族自治州水电装机容量 21.6 万 kW，均为小型水电站，共 32 座。

（6）西宁市水电装机容量 9.3 万 kW，均为小型水电站，共 46 座。

（7）果洛藏族自治州水电装机容量 5.9 万 kW，均为小型水电站，共 7 座。

（8）玉树藏族自治州水电装机容量 4.6 万 kW，均为小型水电站，共 16 座。

2021 年青海省常规水电投产装机容量分布如图 3.1 所示。

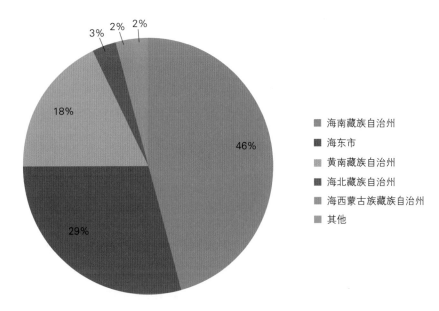

图 3.1 2021 年青海省常规水电投产装机容量分布

青海省已建、在建水电站共 14 个，其中已建电站包括黄河源（已拆除）、班多、龙羊峡、拉西瓦、尼那、李家峡、直岗拉卡、康扬、公伯峡、苏只、黄丰、积石峡和大河家 12 个梯级电站；在建水电站为玛尔挡水电站和羊曲水电站。青海省黄河干流已建、在建梯级水电站工程概况见表 3.1。

表 3.1　　　　青海省黄河干流已建、在建梯级水电站工程概况表

序号	电站名称	正常蓄水位 /m	调节库容 /亿 m³	装机容量 /万 kW	建设情况	开发业主
1	玛尔挡	3275	7.06	220	在建	国家能源
2	班多	2760	0.037	36	2011 年投产	国电投
3	羊曲	2710[1]		120	在建	国电投
4	龙羊峡	2600	193.5	128	1987 年投产	国电投
5	拉西瓦	2452	1.5	420[2]	2009 年投产	国电投
6	尼那	2235.5	0.083	16	2003 年投产	中国电建
7	李家峡	2180	0.58	160	1997 年投产	国电投
8	直岗拉卡	2050	0.03	19	2007 年投产	大唐国际

续表

序号	电站名称	正常蓄水位/m	调节库容/亿 m³	装机容量/万 kW	建设情况	开发业主
9	康扬	2033	0.05	28.4	2006 年投产	三江水电
10	公伯峡	2005	0.75	150	2004 年投产	国电投
11	苏只	1900	0.142	22.5	2006 年投产	国电投
12	黄丰	1880.5	0.14	22.5	2015 年投产	三江水电
13	积石峡	1856	0.45	102	2010 年投产	国电投
14	大河家	1783		14.2	2018 年投产	三江水电

① 按照生态环境部《关于黄河羊曲水电站工程环境影响报告书的批复》（环审〔2020〕104 号）的要求，羊曲水电站水库按照 2710m 的生态限制水位运行。

② 2021 年 12 月 28 日，拉西瓦水电站扩机（4 号机组）工程通过 72h 试运行，正式投产发电，装机容量达到 420 万 kW。

全省暂无已建、在建抽水蓄能电站

截至 2021 年年底，青海省暂无已建、在建抽水蓄能电站。共有 2 个抽水蓄能电站项目完成预可行性研究阶段前期工作，即哇让抽水蓄能电站项目和龙羊峡储能项目。

哇让抽水蓄能电站项目位于海南藏族自治州贵南县境内，距西宁市直线距离 90km，规划装机容量 280 万 kW。电站建成后将承担电力系统储能、调峰以及调频、调相、紧急事故备用等任务。

龙羊峡储能项目位于海南藏族自治州共和县、贵南县交界处的黄河干流上，利用已建的龙羊峡水库作为上水库、已建的拉西瓦水库作为下水库，在龙羊峡水电站大坝右岸地下建设抽水泵站及输水系统，利用新能源弃电量从拉西瓦水库库尾抽水至龙羊峡水库，实现储能功能，经龙羊峡水库调蓄后利用龙羊峡水电站现有机组增发电量，初选泵站装机规模 100 万 kW。

3.2 投资建设

在建常规水电站按计划有序推进建设，1 台 70 万 kW 机组于年底投产

2021 年，青海省在建水电站有玛尔挡水电站、羊曲水电站以及拉西瓦水电站扩机项目，工程基建投资进展情况如下：

（1）玛尔挡水电站（220 万 kW）：2016 年 6 月，国家发展和改革委员会核准玛尔挡水电站。2021 年，完成玛尔挡水电站项目原业主破产重整和复工建设，玛尔挡水电站新增基建投资 30.08 亿元。截至 2021 年年底，玛尔挡水电站累计完成基建投资 62.96 亿元。目前项目按计划有序推进建设，预计 2024 年 3 月首台机组发电，年底全面投产。

（2）羊曲水电站（120 万 kW）：2021 年 11 月，国家发展和改革委员会核准羊曲水电站，同意继续建设羊曲水电站。2021 年，羊曲水电站新增基建投资 7.05 亿元。截至 2021 年年底，羊曲水电站累计完成基建投资 94.06 亿元。

（3）拉西瓦水电站扩机项目（70 万 kW）：拉西瓦水电站于 2003 年 11 月开工建设，2010 年 8 月首批 5 台机组投产发电。2021 年 12 月 28 日，拉西瓦水电站扩机（4 号机组）工程通过 72h 试运行，正式投产发电，装机容量达到 420 万 kW，成为黄河流域装机总量最大的水电站。2021 年，拉西瓦水电站扩机项目新增基建投资 1.34 亿元。截至 2021 年年底，拉西瓦水电站扩机项目累计完成基建投资 1.34 亿元。作为"青豫直流"特高压外送通道的重要支撑电源，拉西瓦水电站 4 号机组将发挥调峰、调频、事故备用作用，保障特高压外送通道的安全稳定运行，进一步提升"青豫直流"工程的电源支撑能力。

2 个抽水蓄能项目完成预可行性研究阶段前期工作

截至 2021 年年底，青海省已完成预可行性研究阶段前期工作的抽水蓄能项目投资情况如下。

哇让抽水蓄能电站初拟装机容量 240 万 kW，根据哇让抽水蓄能电站预可行性研究成果，按照 2020 年第三季度价格水平，工程静态投资（不含送出工程）103.33 亿元，单位千瓦静态投资 4305 元；考虑价差预备费、建设期利息，工程总投资 131.71 亿元，单位千瓦总投资 5488 元。

龙羊峡储能项目初选泵站装机容量 100 万 kW，根据龙羊峡储能项目预可行性研究成果，按照 2021 年第二季度价格水平，工程静态投资 37.77 亿元，单位千瓦静态投资 3777 元；考虑价差预备费、建设期利息，工程总投资 46.24 亿元，单位千瓦总投资 4624 元。

3.3　运行监测

常规水电装机规模与去年持平

2021 年，青海省水电装机容量 1193 万 kW，占全部电力装机容量的 29.0%，水电装机规模与 2020 年持平（见图 3.2）。

常规水电年发电量同比降低 15.7%

2021 年，青海省常规水电年发电量 505 亿 kW·h，同比降低 15.7%，约占全省总发电量的 51.0%，常规水电年利用小时数 4234h，较 2020 年减少 790h（见图 3.3）。

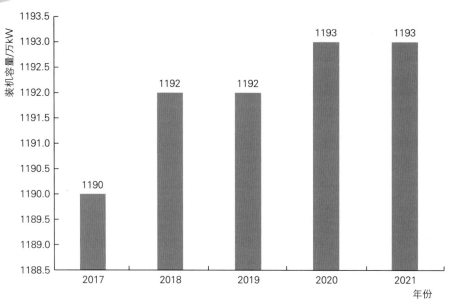

图 3.2　2017—2021 年青海省常规水电装机容量变化对比

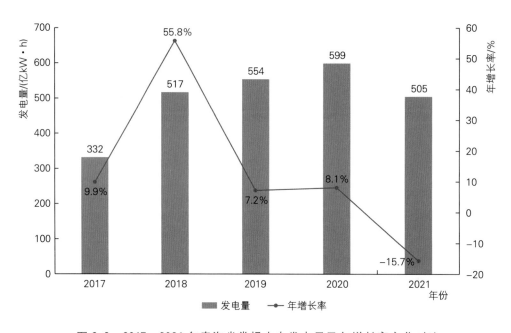

图 3.3　2017—2021 年青海省常规水电发电量及年增长率变化对比

3.4　技术进步

我国水电工程技术水平持续领先，智能化趋势明显

2021 年，我国水电装机容量、年发电量稳居全球首位，水电工程技术位列世界先进水平，已形成规划、设计、施工、装备制造、运行维护全产业链整合能力。尤其在大坝建设过

20

程中，国内部分电站已通过智能技术形成了一套完整的实时监测、后台规划、可视仿真、无人驾驶、实时监控、及时修正、自动反馈的智能大坝系统平台，可推广应用于青海省水电项目建设中。

受市场利好，国内抽水蓄能产业链技术水平全面提升

抽水蓄能方面，数字孪生与智能建造水平将持续提高并广泛应用，设计施工一体化协同技术和管理系统将不断改进。"少人化、机械化、智能化、标准化"的发展趋势将愈加明显。装备制造继续朝着高水头、大容量、高可靠性、可变速机组等方向快速发展。未来，青海省抽水蓄能电站的建设也将得益于抽水蓄能全产业链技术水平的进步。

3.5 发展趋势和特点

常规水电增长进度放缓

近年来，青海省常规水电装机容量始终维持在 1200 万 kW 以内，增长进度明显放缓。这一方面是由于省内技术经济条件较好的水能资源基本得到开发；另一方面受政策影响，水电行业开发积极性不高。随着玛尔挡、羊曲等水电站的开工建设以及拉西瓦、李家峡等扩机项目的投产运行，青海省常规水电装机容量将进一步增长。

常规水电配备储能功能

2020 年 5 月中共中央、国务院公布的《关于新时代推进西部大开发形成新格局的指导意见》明确指出"加强可再生能源利用，开展黄河梯级大型储能项目研究，培育一批清洁能源基地"。青海省梯级水电站资源丰富，具备开发大型储能项目的条件。在列入《抽水蓄能中长期发展规划（2021—2035 年）》的项目中，青海省共有龙羊峡储能一期、龙羊峡储能二期、羊曲储能、尔多储能、公伯峡储能等 5 个重点实施项目以及茨哈峡储能 1 个储备项目，建成后可促进光伏等新能源消纳，提高新能源利用效率，促进青海省清洁能源基地和产业高地的建设。

抽水蓄能前期工作平稳推进

青海省重视抽水蓄能发展质量，各抽水蓄能项目前期工作平稳推进。截至 2021 年年底，哇让、龙羊峡储能 2 个项目完成预可行性研究阶段前期工作，2022 年有望完成可行性研究阶段勘察设计工作并获得核准。同德、格尔木南山口、羊曲储能一期、玛沁项目预可行性研究阶段勘察设计工作有序推进。

3.6 发展建议

依托常规水电灵活调节能力，因地制宜增加储能功能，建设清洁能源一体化综合开发基地

青海省"丰水、富光、风好"，清洁能源资源丰富，建议依托常规水电灵活调节能力，因地制宜增加储能功能，在合理范围内配套建设一定规模的以风电和光伏为主的新能源发电项目，建设以水风光为主的清洁能源一体化综合开发基地，实现一体化资源配置、规划建设、调度运行和消纳，以提高清洁能源综合开发经济性和通道利用率，使水电、新能源及输电通道"1＋1＋1＞3"的综合效益最大化，提升水风光开发规模、竞争力和发展质量，加快清洁能源大规模、高比例发展进程。

开发建设抽水蓄能电站，提升调节、储能能力，促进新能源开发消纳，保障电力系统安全稳定运行

青海省风光资源丰富，大规模、高比例开发风光资源将成为碳达峰碳中和新形势下的重要方向。为消纳风光等新能源电力，保障电网安全稳定运行，需要在省内电力系统中配备一定规模的调节、储能电源。抽水蓄能作为重要的调节电源，建议开发利用省内抽水蓄能资源，发挥储能、灵活调节和容量支撑作用，服务青海电力系统及清洁能源基地外送，促进新能源开发消纳，保障电力系统安全稳定运行。

4 太阳能发电

4.1 资源概况

太阳能资源丰富，地域分布呈现西北高、东南低的特点

青海省太阳能资源十分丰富，太阳能年水平面总辐照量为 5300～7171MJ/㎡，年日照时数为 1982～3417h，是全国高值地区之一，年总辐射量居全国第二位，太阳能技术可开发量达 35 亿 kW。青海省年水平面总辐照值由西北向东南逐渐递减，年水平面总辐照高值区位于海西蒙古族藏族自治州西北部，主要分布在茫崖、大柴旦、格尔木北部和德令哈西部等地区，太阳能年水平面总辐照量在 6300MJ/㎡ 以上，年日照时数在 2750h 以上。资源低值区为互助县、平安区、化隆县、湟中区等地区，太阳能年水平面总辐照量在 5400MJ/㎡ 以下，年日照时数在 2400h 左右。根据我国太阳能资源等级划分标准，青海省西北部年水平面总辐照量超过 6300MJ/㎡，太阳能资源等级属于"最丰富"，其余大部分地区年水平面总辐照量为 5040～6300MJ/㎡，太阳能资源等级属于"很丰富"。整体而言，青海省太阳能资源较好。

根据中国气象局风能太阳能中心发布的《2021 年中国风能太阳能资源年景公报》，2021 年全国平均年水平面总辐照量为 5376.24MJ/㎡，最佳倾斜面总辐照量为 6295.32MJ/㎡，比 2020 年分别偏低 2.6% 和 2.9%，比近 30 年（1991—2020 年）平均值分别偏低 1.7% 和 1.1%。

根据青海省气候中心数据，青海省近 30 年（1991—2020 年）太阳能水平面总辐照量平均值为 6241MJ/㎡，近 30 年平均年日照时数为 2694h。青海省 2021 年太阳能水平面总辐照量和日照时数整体较常年偏低，比近 30 年（1991—2020 年）平均值分别偏低 3.8% 和 7.7%。

4.2 发展现状

装机规模持续增长

2021 年，青海省太阳能发电新增装机容量为 31 万 kW（见图 4.1），同比增长 1.9%，主要分布于海西蒙古族藏族自治州。

截至 2021 年年底，青海省太阳能发电累计装机容量达 1632 万 kW，占全省总装机容量的 39.7%，是省内第一大电源。其中，集中式光伏电站累计装机容量 1574 万 kW，分布式光伏电站累计装机容量 37 万 kW，光热电站累计装机容量 21 万 kW，太阳能发电累计装机容量居全国第 6 位，集中式光伏电站累计装机容量和光热电站累计装机容量均居全国第 1 位。

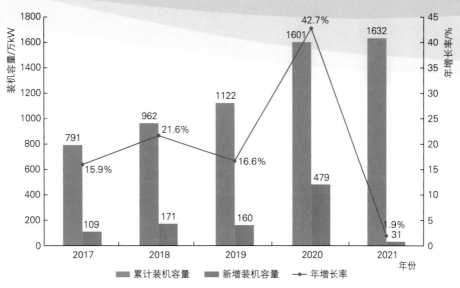

图 4.1　2017—2021 年青海省太阳能发电装机容量变化趋势

分市（州）看（见图 4.2），青海省太阳能发电累计装机容量由多到少依次为海南藏族自治州、海西蒙古族藏族自治州、海东市、黄南藏族自治州、海北藏族自治州、西宁市、玉树藏族自治州、果洛藏族自治州。 太阳能装机项目主要集中在海南藏族自治州和海西蒙古族藏族自治州，2021 年年底累计装机容量分别为 893 万 kW 和 611 万 kW，分别占全省太阳能累计装机容量的 54.7% 和 37.4%。

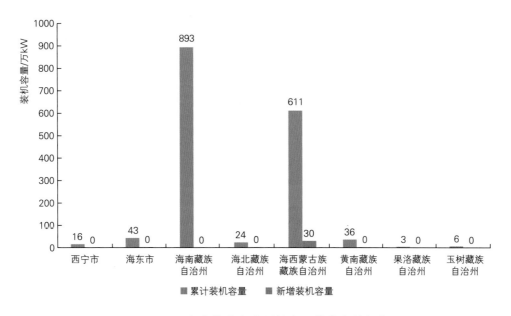

图 4.2　2021 年青海省各市(州)太阳能发电装机容量

开发企业以中央企业为主，截至 2021 年年底，在青海省累计装机容量排名前五位的企业分别是国家电力投资集团有限公司、中国华能集团有限公司、中国长江三峡集团有限公司、中国大唐集团有限公司和国家能源投资集团有限责任公司，太阳能发电累计装机总容量达到

1102 万 kW（见图 4.3），前五名累计装机容量占青海省累计装机容量的 67% 以上。

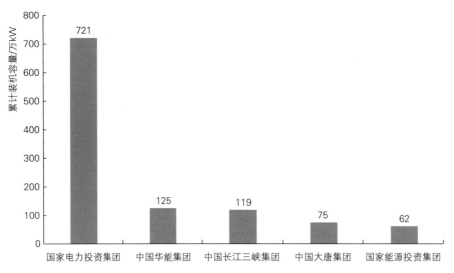

图 4.3　2021 年青海省太阳能发电累计装机容量排名前五位的开发企业

发电量稳步增长

近年来，青海省太阳能发电量占全部电源总发电量的比重稳步增长。2021 年青海省太阳能发电量达到 211 亿 kW·h，同比增长 26.3%，占全部电源总发电量的 21.3%。其中，光伏发电量 208 亿 kW·h，同比增长 26.0%，占全部电源总发电量的 21.0%，较 2020 年提高 3.6 个百分点；光热发电量 2.8 亿 kW·h，受益于光热项目技术提升和运行策略持续优化，同比增长 52.6%，占全部电源总发电量的 0.3%，较 2020 年提高 0.1 个百分点。2017—2021 年青海省太阳能发电量及占比变化趋势如图 4.4 所示。

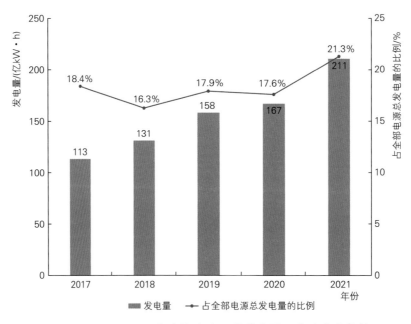

图 4.4　2017—2021 年青海省太阳能发电量及占比变化趋势

4.3 前期管理

国家清洁能源产业高地起步建设

2021 年 7 月 7 日，青海省人民政府和国家能源局联合印发《青海打造国家清洁能源产业高地行动方案（2021—2030 年）》，提出要充分发挥青海清洁能源优势，以服务全国碳达峰碳中和目标为己任，以"双主导"推动"双脱钩"。到 2025 年，国家清洁能源产业高地初具规模，黄河上游清洁能源基地建设稳步推进，清洁能源发电装机容量达 8226 万 kW、占比达 96%，清洁能源发电量占比达 95%，清洁能源发展的全国领先地位进一步提升。到 2030 年，国家清洁能源产业高地基本建成，零碳电力系统基本建成，光伏制造业、储能制造业产值均过千亿，力争实现"双脱钩"，为全国能源结构优化，如期实现碳达峰碳中和目标作出"青海贡献"。

第一批大型风电光伏基地项目全面开工

青海省第一批大型风电光伏基地项目共计 1090 万 kW，居全国第二位，所有项目均已开工，助推青海省新能源迈入新发展阶段。其中，海南基地青豫直流二期 340 万 kW 外送项目、海西基地青豫直流二期 190 万 kW 外送项目完成了招标工作，包含光伏项目 350 万 kW、风电项目 150 万 kW、光热项目 30 万 kW；本地消纳大基地项目 560 万 kW，包含光伏项目 450 万 kW，风电项目 100 万 kW，光热项目 10 万 kW。

高质量推进新能源年度开发建设

根据国家能源局《关于 2021 年风电、光伏发电开发建设有关事项的通知》（国能发新能〔2021〕25 号），青海省能源局印发了《2021 年青海省新能源开发建设方案》（青能新能〔2021〕155 号），存量 241.78 万 kW 新能源项目纳入保障性并网范围，市场化并网项目建设规模为 540.7 万 kW，合理引导了投资企业有序推进新能源开发建设。

稳步推进整县屋顶分布式光伏项目开发建设

根据国家能源局《整县（市、区）屋顶分布式光伏开发试点名单》（国能综通新能〔2021〕84 号），青海省共计 32 个县（区、市）被纳入国家整县推进试点名单。

明确光伏复合项目开发建设管理办法

根据国土资源部、国务院扶贫办、国家能源局《关于支持光伏扶贫和规范光伏发电产业

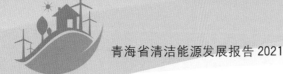

的意见》(国土资规〔2017〕8 号）要求,青海省能源局和青海省自然资源厅联合印发《关于光伏复合项目建设管理的通知》(青能新能〔2021〕162 号),明确提出光伏复合项目的认定标准、选址原则、建设要求和监管措施等。

4.4 投资建设

总投资规模快速增长

2021 年青海省太阳能发电新增总投资规模约 188.5 亿元,受第一批大基地项目全面开工建设带动影响,新增投资规模较 2020 年增长约 62.7 亿元,增幅达 50%。

发电成本受硅料影响出现上涨

2021 年,受光伏上游硅料大幅涨价影响,组件价格上升明显,全国太阳能发电项目建设成本较 2020 年有明显增加。 2021 年青海省光伏发电项目单位千瓦建设投资约 3750 元(见表4.1),同比上涨约 4.0%。

表 4.1　　　　　　　　2021 年青海省光伏发电项目单位千瓦建设投资

投 资 构 成	单位千瓦建设投资/元	投 资 构 成	单位千瓦建设投资/元
光伏组件	1800	建安工程	430
逆变器	160	土地成本	150
支架	410	电网接入成本	200
汇流箱、箱变等主要电气设备	120	前期开发及管理费	200
电缆	200	合计	3750
通信、监控及其他设备	80		

光伏组件占造价总成本比例增高

光伏发电系统投资主要由光伏组件、逆变器、支架、电缆等主要设备成本,以及建安工程、土地及电网接入成本、前期开发及管理费等部分构成。 以青海省 2021 年典型光伏电站为例,光伏组件占到了总投资的 48%(见图 4.5),是最主要的构成部分。 受组件上游硅料价格上涨影响,2021 年光伏组件价格上涨;支架价格随钢材价格略有上浮,其他投资基本持平。

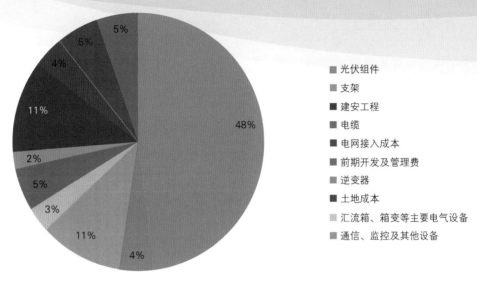

图 4.5　2021 年青海省光伏发电项目单位千瓦建设投资构成

4.5　运行消纳

年利用小时数持续回落

受 2020 年太阳能发电项目大规模并网和断面送出能力受限的影响，青海省 2021 年太阳能发电年利用小时数为 1307h，较 2020 年降低 80h，降幅约 5.8%（见图 4.6）。

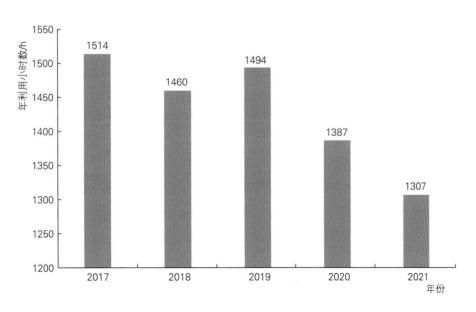

图 4.6　2017—2021 年青海省太阳能发电年利用小时数对比

电力消纳有待进一步加强

2021 年青海省弃光电量 33.4 亿 kW·h，利用率 86.0%，全年弃光电量较 2020 年增加了 19 亿 kW·h，利用率降低 6 个百分点，受本地消纳与特高压外送限制双重影响，弃光电量达到近五年最大值（见图 4.7）。

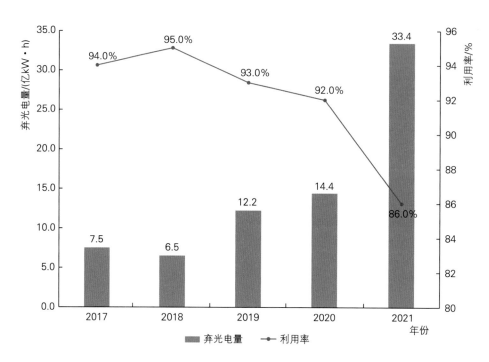

图 4.7　2017—2021 年青海省弃光电量和利用率变化趋势

4.6　光伏产业

在产业政策引导和市场需求的双重作用下，青海省已形成"以硅为主、多元发展、集中布局"的新能源产业格局。

光伏制造产业链基本形成

青海省已构建起完整的金属硅－多（单）晶硅－切片－太阳能电池－电池组件光伏制造产业链，多晶硅产能约为 2.53 万 t，单晶硅产能约为 7000t，单晶切片产能约为 600MW，光伏电池产能约为 700MW，光伏组件产能约为 900MW，光伏组件铝边框产能约为 2.7 万 t，光伏支架产能约为 3.8 万 t，配套了光伏玻璃、逆变器、铝边框、石英坩埚、支架等相关产业。重点企业主要包括亚洲硅业（青海）股份有限公司、阳光能源（青海）有限公司、青海黄河上游水电开发有限责任公司西宁太阳能电力分公司等。

光伏科技创新实践丰富

围绕产业发展方向和科技前沿，青海省重点突破了高效晶硅及光伏组件，高能量密度、长寿命、安全可靠的锂电池及配套材料等一批制约产业发展的关键技术，主要涉及黄河水电西宁太阳能电力有限公司 N 型 IBC 电池的高端应用组件开发项目、阳光能源（青海）有限公司 RCz 直拉单晶硅多根连续长晶技术研究与应用项目等。 实现 P 型双面电池转换转化效率最高可达 22.6%，N 型电池转换转化效率最高可达 23.6%，电池转换效率处于国内领先水平。 同时建成全国首座百兆瓦太阳能光伏发电实证基地，为国家制定产业政策、技术标准等提供了科学依据。

4.7 发展趋势及特点

太阳能发电装机容量占比逐步提高

青海省太阳能资源丰富，土地条件好，太阳能发电装机容量快速增长，由 2017 年的 791 万 kW 增长至 2021 年的 1632 万 kW，占比由 31.1% 增长至 39.7%，光伏发电装机容量占比逐步提高，连续两年成为青海省第一大电源。

太阳能发电量稳步增长

2021 年青海省太阳能全年发电量 211 亿 kW·h，太阳能发电量较 2020 年增加了 44 亿 kW·h，同比增长 26.3%。 全年太阳能发电量占各类电源全部发电量的 21.3%，较 2020 年提高了 3.7 个百分点，太阳能发电量占比持续提高，连续四年成为青海省第二大发电量主体。

结合储能发展，改善消纳条件

结合新能源资源开发，全面推进系统友好型新能源电站发展模式，促进储能与新能源电源融合发展。 青海省提出市场化并网新能源项目配建储能规模原则上不低于新能源项目装机容量的 15%。

推动新能源生态治理，促进地区经济发展

结合青海省实际情况，综合考虑资源条件、地类属性和生态环保等因素，青海省按照基地化、规模化、一体化、产业化开发的原则，在荒漠地区、草场退化区域开展"牧光互补"项目，通过建设光伏电站，减小风速，降低蒸发量，促进地区植被生长，形成"板上发电、板下种草"的环境友好型光伏开发模式，诞生了"光伏羊"，促进了地区经济发展。

4.8 发展建议

鼓励技术创新，提升光伏产业高质量发展

加大研发投入强度，不断提升技术创新能力建设，围绕支持青海光伏产业科研创新，重点研究 N 型太阳能电池降本增效措施，探索"构网型"技术在青海省新型电力系统中的适应性，研究提高光热发电效率及降低投资成本的措施，加快退役光伏板回收利用产业化和循环经济产业示范研究工作，开展规模化回收试点推广应用。

积极推动源网荷储一体化开发模式，带动新能源产业发展

鼓励光伏装备制造业规模化建设，可按照源网荷储一体化开发模式，根据基地建设投资强度、带动集聚效应统筹配置光伏资源开发权，解决资源配置碎片化的问题。建立健全资源开发配置与光伏制造区域协调、互补发展机制。研究制定鼓励政策，支持省内大型光伏发电企业与高精尖装备制造企业开展深度合作，全面保障光伏产业"产、供、销、用"一体化发展，形成以负荷带动电源、创新链带动产业链的循环互促模式。

建立市（州）消纳预警机制，规范有序发展

为有效推进青海省新能源规范有序开展，合理引导企业投资，避免因消纳送出原因导致大规模弃电，应开展全省各市（州）新能源消纳能力评估测算研究，以红、橙、黄、绿四种颜色标识，对各市（州）新能源消纳形势由劣到优进行逐级分类，形成全省以市（州）为单位的新能源消纳预警等级分类结果。

积极推动光热电站开发，促进光热发电与其他能源融合发展

积极推动资源条件好、生态条件允许地区建设光热发电项目，进一步探索光热发电在电力系统中调峰、调频、储能的作用，支持高比例新能源基地配套建设光热发电站，推动风光热项目规模化上网，组织筹建国家光热产业示范园区。将青海省丰富的盐湖资源作为熔盐储能产业的发展优势，实现盐湖产业与光热发电站的融合发展。

"光伏＋"开发模式，推进产业融合

推动一批以太阳能发电与沙漠、戈壁、荒漠化土地、油气田、盐碱地等生态修复治理相结合的太阳能发电基地，打造"生态修复＋光伏发电"绿色引领的新能源生态修复发展模式，持续推动能源建设和环境治理融合发展。

5 风电

5.1 资源概况

青海省风能资源较为丰富,分布较为集中,是全国风能资源较为丰富的区域之一。 青海省陆上 70m 高度年平均风功率密度大于 200W/m² 的风能资源技术开发量超过 7500 万 kW。根据中国气象局风能太阳能中心发布的《2021 年中国风能太阳能资源年景公报》,2021 年全国陆上 70m 高度年平均风功率密度分布与近 10 年(2011—2020 年)相比,为正常略偏大年景,其中青海省陆上 70m 高度年平均风功率密度较近 10 年平均值偏低。 依据公报统计数据,2021 年青海省陆上 70m 高度年平均风速约 5.5m/s,年平均风功率密度超过 200W/m²,属于全国年平均风速和年平均风功率密度中等偏上的省份,如图 5.1 所示。

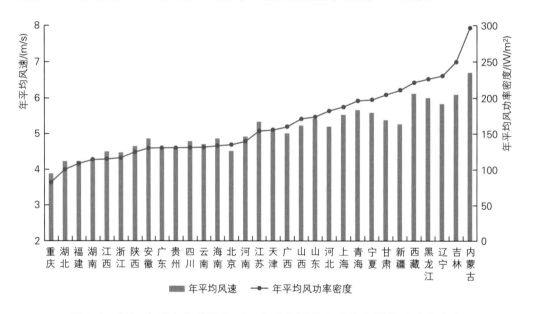

图 5.1　2021 年重点省份陆上 70m 高度年平均风速和年平均风功率密度

青海省大部分地区陆上 70m 高度年平均风速在 5.5m/s 以上,具备风电项目开发的资源条件,主要分布在海西蒙古族藏族自治州西部及北部、玉树藏族自治州西部和海南藏族自治州西部,其中玉树藏族自治州区域虽风能资源较好,但全自治州多山地且海拔较高,平均海拔在 4200m 以上,大部分地区海拔在 4000~5000m 之间,开发难度较大,风电项目尚未开发至该区域。 青海省年平均风速较高区域位于海西蒙古族藏族自治州北部、玉树藏族自治州西部和海南藏族自治州西部,风速在 6.5m/s 以上,是风力发电可利用的理想风速;青海省年平均风速较低区域位于海南藏族自治州东部、海北藏族自治州、玉树藏族自治州东南部和果洛藏族自治州东部,风速为 3~5m/s,暂不具备风力发电开发利用条件。

5.2 发展现状

装机容量平稳增长

2021 年，青海省风电新增装机容量 53 万 kW（见图 5.2），受风电补贴退坡政策影响，增幅较 2020 年降低较多。 截至 2021 年年底，青海省风电累计装机容量 896 万 kW，同比增加 6.3%；风电累计装机容量约占全部电源并网总容量的 21.8%，与 2020 年占比基本持平。

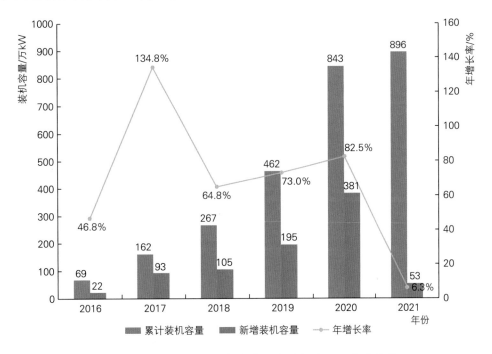

图 5.2 2016—2021 年青海省风电装机容量及变化趋势

分市（州）看，青海省风电装机主要集中在海南藏族自治州和海西蒙古族藏族自治州，2021 年累计装机容量分别占青海省风电累计装机容量的 45.9% 和 52.9%，均超过 400 万 kW，其中海西蒙古族藏族自治州风电累计装机容量 474.1 万 kW，居全省首位（见图 5.3）。 2021 年，海西蒙古族藏族自治州风电新增装机容量 34 万 kW，海南藏族自治州风电新增装机容量 10 万 kW，海北藏族自治州新增装机容量 4.95 万 kW，海东市新增装机容量 4.45 万 kW，其余市（州）均没有新增装机。

青海省风电项目开发企业以中央企业为主，截至 2021 年年底，青海省累计装机容量排名前五位的企业依次是国家电力投资集团有限公司、中国国电集团有限公司、中国长江三峡集团有限公司、中国大唐集团有限公司、中国广核集团有限公司，如图 5.4 所示。 其中，国家电力投资集团有限公司累计装机容量超过 300 万 kW，占全省风电累计装机总容量的 41.7%。

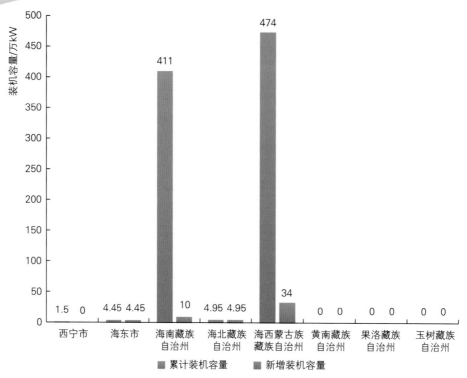

图 5.3　2021 年青海省各市（州）风电装机容量

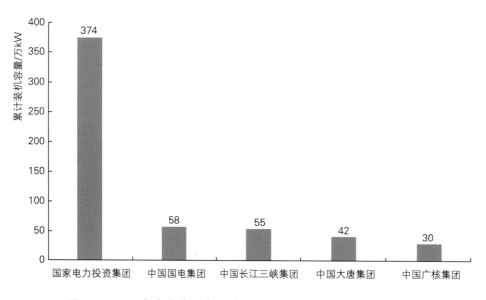

图 5.4　2021 年青海省风电累计装机容量排名前五位的开发企业

发电量增长显著

2021 年，青海省风电发电量占全部电源总发电量的比重稳步提升。2021 年青海省风电发电量达到 130 亿 kW·h（见图 5.5），同比增长 58.5%，增长显著，占全部电源总发电量的 13.1%，较 2020 年增长 4.5 个百分点。

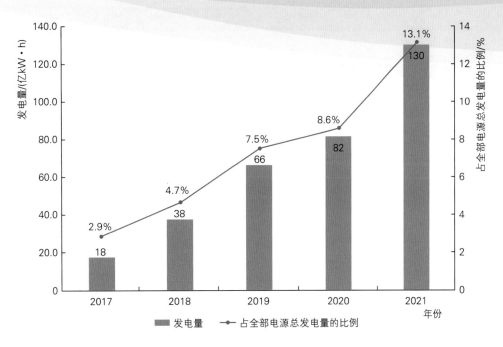

图 5.5　2017—2021 年青海省风电发电量及占比变化趋势

5.3　前期管理

加快推进存量新能源项目建设

青海省 2021 年新能源开发建设方案提出，为加快推进 2020 年存量的分散式风电 42 万 kW 项目、集中式风电 80 万 kW 项目、平价光伏 110 万 kW 项目以及竞价光伏 10 万 kW 项目建设，将该部分项目纳入保障性并网指标。

以基地化开发带动风电规模化发展

2021 年，青海省第一批国家大型风电光伏基地总规模 1090 万 kW，含风电建设规模 250 万 kW，占全省 2021 年新增安排风电指标规模的 60.4%，其中 200 万 kW 风电集中布置于海西蒙古族藏族自治州茫崖地区，项目单体容量均为 50 万 kW。

市场化风电项目全部为一体化开发模式

2021 年，青海省安排的市场化类风电项目有 3 个，总规模 42 万 kW，其中 2 个项目为风光储多能互补一体化项目，建设规模 25 万 kW；1 个项目为源网荷储一体化项目，建设规模 17 万 kW。

5.4 投资建设

总投资出现回落

2021年青海省新增风电总投资约68.15亿元,由于新增装机规模相比2020年减少328万kW,叠加风电单位千瓦造价下降等多重因素,2021年新增风电投资规模较2020年同比降低约51.3%。

单位千瓦造价持续下降

2021年风电市场设备供需关系扭转迅速,产能过剩,设备及吊装成本下降趋势明显。风电单位千瓦造价较2020年下降明显。2021年青海省平坦地形与山地地形集中式风电项目的单位千瓦造价分别约为5600元和7000元。

设备及安装工程主导风电造价

风电项目单位千瓦投资包括设备及安装工程、建筑工程、施工辅助工程、其他费用、预备费和建设期利息,如图5.6所示。设备及安装工程费用在青海省风电项目总体工程投资中占最大比重,约为85%,是项目整体造价指标的主导因素。

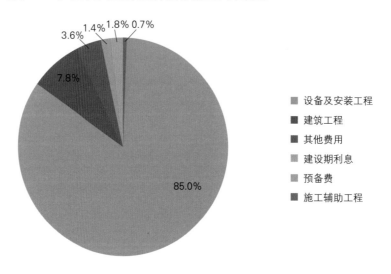

图5.6　2021年青海省风电项目工程投资构成

5.5 运行消纳

年利用小时数同比基本持平

2021年青海省风电年利用小时数为1521h,较2020年减少8h,与2020年基本持平

（见图 5.7）。

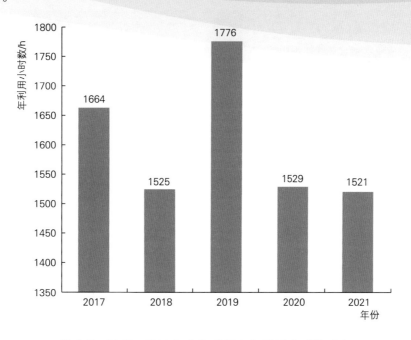

图 5.7　2017—2021 年青海省风电年利用小时数对比

风电利用率有所下降

2021 年，青海省弃风电量为 16 亿 kW·h，较 2020 年增加 12 亿 kW·h；全省利用率为 89.0%，相较于 2020 年降低 6 个百分点。受本地消纳与通道外送限制双重影响，弃风电量达到近五年最大值，如图 5.8 所示。

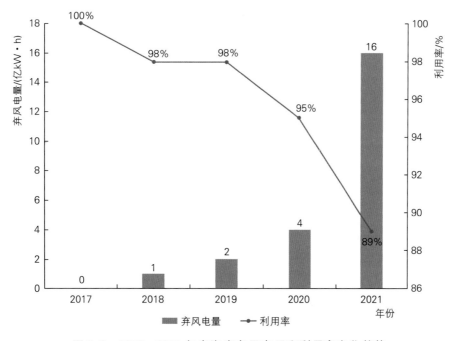

图 5.8　2017—2021 年青海省弃风电量和利用率变化趋势

5.6 技术进步

我国风电机组技术加快迭代，风电机组加速大型化，6MW 等级风电机组全面实现并网发电，7MW 等级及以上风电机组产品逐步下线应用，超大容量风电机组技术促进了项目成本降低，提升了土地及风能资源利用率，同时风电机组叶片长度不断刷新纪录，部分厂商相继实现了 100m 左右的超长风电机组叶片下线。

2021 年，青海省风电项目叶轮直径向 190～200m 及以上发展，轮毂高度朝 120m 发展，已并网项目最高海拔达到 3500～3700m，低风速风电机组技术在青海省高海拔风电项目开发实践中不断进步。

青海省风电产业链发展处于起步阶段，产业链主要涉及风机制造和塔筒制造，产能规模相对较小，重点企业包括青海明阳新能源有限公司和青海华汇新能源有限公司。

5.7 发展趋势及特点

风电装机占比稳中有升，风光互补效益需进一步加强

近 5 年来，青海省风电开发相对平稳，风电并网规模占全部电源并网规模的比重由 2017年的 6.4% 提升至 2021 年的 21.8%，风电、光伏并网规模比例由 2017 年的 1：4.9，调整至2021 年的 1：1.8，风电与光伏发展节奏不同步，且有进一步拉大差距的趋势，需进一步支持风电发展，着力推进风电光伏一体化互补模式开发，促进电源结构优化。

风电发电量稳步增长

2021 年青海省风电全年发电量 130 亿 kW·h，较 2020 年增加了 48 亿 kW·h，同比增长58.5%。 其中风电发电量占全部电源发电总量的 13.1%，较 2020 年提高了 4.5 个百分点，风电发电量占比持续提高，是继水电、太阳能发电、火电之后的第四大电量主体。

风电对电网更加友好

受青豫直流送端电压稳定问题影响，双馈风力发电机能够为电力系统提供转动惯量，青豫直流配套二期新能源项目招标中鼓励风电项目应用双馈风机，直驱风电要求全部按 6：1配置调相机。 随着风电机组支撑电网能力、故障穿越能力、惯量响应能力和一次调频能力的提升，风电场同步运行能力加强，风电正朝着电网友好型风电场技术发展。

5.8 发展建议

推动高海拔风电产业化发展

借鉴风电强省风电产业发展模式，加快构建高海拔风电产业装备创新服务体系，搭建高海拔风电技术装备联合创新中心或示范平台，加大产业上下游一体化发展政策引导力度，针对青海省高海拔、低温、低空气密度的特点，开展适应性产品研发、试验、示范应用，逐步构建塔筒、轴承、叶片等风电装备制造产业链，推动青海省风电产业高质量发展。

持续推进风电基地化开发

推进风电项目基地化、规模化开发，鼓励企业新能源项目开发按照合理的风光比例开展。 引导企业针对青海省资源禀赋与电力系统特性，对风光互补特性、优化配比和布局方案进行研究。 推动青海省风光互补发展模式，提高新能源利用率。

持续加强风电发展监管

随着国家"放管服"改革的深入，需进一步加强市场监管，促进风电产业健康有序发展。 一是严格落实《中华人民共和国清洁能源法》关于行业监管的法律条款要求，加强风力发电监管。 二是完善风电项目开发建设信息监测机制，切实做好信息分析研判，全面提升项目信息监测质量。 三是加强风电行业的事前事中事后监管，针对风电发展规划、全额保障性收购、工程质量验收等方面建立全过程监管体系，推进工程全过程咨询机制，建立监管评估机制。

6 生物质能

6.1 资源概况

青海省属于生物质资源一般地区，可利用生物质资源包括农作物秸秆、畜禽粪污、生活垃圾、林业剩余物、泥炭等，各市（州）可能源化利用的生物质资源总量相当于 418.5 万 t 标准煤。其中，农作物秸秆 142.3 万 t，折合标准煤约 71.2 万 t；畜禽粪污 439.9 万 t，折合标准煤约 213.7 万 t；生活垃圾 146.0 万 t，折合标准煤约 29.2 万 t；林业剩余物 102.6 万 t，折合标准煤约 58.6 万 t；泥炭 219.6 万 t，折合标准煤约 45.8 万 t。青海省可能源化利用的生物质资源基本情况如图 6.1 所示。

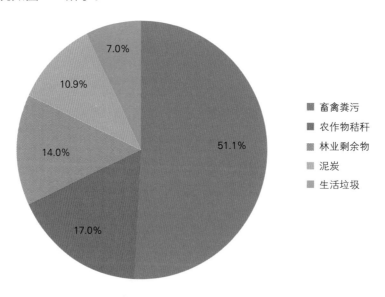

图 6.1 青海省可能源化利用的生物质资源基本情况

6.2 发展现状

生物质能源化规模利用方式单一

截至 2021 年年底，青海省已投产的生物质能利用项目基本为生活垃圾填埋气发电项目，累计总装机容量为 0.8 万 kW。其中，"十三五"期间累计装机容量 0.5 万 kW，2021 年新增装机容量 0.3 万 kW。总体上，青海省生物质发电装机规模增长较缓慢。除生物质发电利用外，其他生物质能非电利用程度较低，仅有部分地区推进了生物质清洁供暖工程。

发电年利用小时数呈下降趋势

近五年我国生物质发电年利用小时数存在一定幅度下降，2021年，我国生物质发电年利用小时数约4805h，较2020年降低349h，降幅6.8%，青海省已投产的生物质发电项目年利用小时数为6912h，比全国水平高43.8%。

6.3　投资建设

2020—2021年，青海省开工建设的生物质发电项目共有2个，项目类型为沼气发电和垃圾焚烧发电，总投资高达19.6亿元，投资规模增长较快。其中，西宁市餐厨垃圾处理项目一期工程（沼气发电）装机规模为0.2万kW，日处理餐厨垃圾300t，总投资3.0亿元，沼气发电单位造价为100万元/（t·d），占总投资的15%；西宁市生活垃圾焚烧发电项目装机规模为7万kW，日处理生活垃圾3000t，总投资16.6亿元，单位造价为55.3万元/（t·d），占总投资的85%。

6.4　发展建议

立足环保，加大生物质资源开发力度

目前，青海省已建及在建的生物质项目以生活垃圾无害化处理为主，牲畜养殖区畜禽粪污、绿洲农作物秸秆、泥炭等生物质资源未被有效利用，应结合当地资源禀赋，加大对各品类生物质资源的能源化开发力度，实现生物质能多元化综合利用，建立生物质能开发利用与环保相互促进机制。

因地制宜，推进垃圾焚烧发电项目建设

目前，青海省除西宁市首座垃圾焚烧发电项目尚在建设外，其余市（州）垃圾量保障性不足，垃圾焚烧发电项目的开发建设潜力有限，规划项目开发进度整体滞后。建议进一步完善垃圾分类收集运输体系，加大生活垃圾无害化处理设施建设力度，因地制宜推动垃圾焚烧发电项目建设。

7　地热能

7.1　资源概况

地热能具有储量大、分布广、稳定可靠等特点，是"双碳"背景下能源革命和绿色能源体系中的重要组成部分。青海省位于青藏高原东北部，是印度板块与欧亚板块碰撞作用在北部地区的响应区，地热资源丰富，主要分布有水热型地热、干热岩以及浅层地热能三种类型。

水热型地热资源

截至 2021 年，青海省已经发现水温 15℃以上的天然温泉点 84 处，共实施地热井 73 眼。天然温泉点中，90℃以上的中温热水点 1 处（贵德县，93.5℃），60～80℃的低温热水点 10 处，40～60℃的低温热水点 9 处，15～40℃的低温热水点 64 处。温泉主要出露于青海省的东北部，包括西宁市、共和县、贵德县、同仁县、兴海县等地区。地热井主要集中分布在西宁市、海南藏族自治州和海东市地区，井深 150～2000m，出水温度 16～105℃。

青海省水热型地热资源按照成因可分为隆起断裂型地热资源和沉积盆地型地热资源两大类。

隆起断裂型地热资源主要分布在西宁盆地南缘药水滩地热区、贵德县热水沟地热区、兴海县温泉地热区及唐古拉山口温泉地热区等，常以温泉形式沿断裂带排泄于地表，具有温度高、分布面积小的特点。天然温泉泉口水温最高可达 93℃，位于贵德县扎仓沟地区。

沉积盆地型地热资源主要分布于西宁盆地、共和盆地、贵德盆地及柴达木盆地北缘，主要赋存在盆地区孔隙发育的中新生界砂岩地层中。目前勘查成果表明，共和盆地的恰卜恰地区、贵德盆地的贵德县城附近地热资源赋存条件最佳。

干热岩资源

青海省干热岩资源丰富，分布面积大，目前勘探发现的干热岩资源主要分布在共和盆地和贵德盆地。在共和地区 3705m 处、贵德县扎仓沟地区 4602m 处分别探获温度达 236℃和 214℃的干热岩，初步圈定干热岩远景区 18 处，总面积 3092km²，预测干热岩资源换算标准煤 6300 亿 t。

浅层地热能资源

未系统开展过浅层地热能资源勘查评价，仅在西宁市、格尔木市和德令哈市等局部地区

开展了浅层地热能资源勘查评价，总评价面积 624km²。 评价区 200m 以浅热容量为 3.97×10^{13} kJ/℃，采用热泵技术开发，可实现供暖面积和制冷面积分别达到 1.88×10^{7} m² 和 6.23×10^{7} m²。

7.2　发展现状

青海省水热型地热开发利用以温泉洗浴为主，辅以少量地热供暖以及农业利用，主要分布在西宁市、海南藏族自治州共和县区域；干热岩开发方面，共和县恰卜恰地区实现干热岩试验性发电利用，试验发电装机容量 300kW，已初步建成青海共和干热岩勘查试采示范基地；浅层地热能尚未开展规模化利用，全省地热资源整体开发利用程度偏低。

地热资源勘查进展

近几年，青海省在干热岩勘查方面走在全国前列，并取得重大突破。 共和盆地施工完毕的 GR1 干热岩勘探孔温度再获新高，地下 3705m 深处探获温度达 236℃ 的干热岩，为我国非现代火山区干热岩地热资源勘探的首个重大突破。 共和盆地恰卜恰岩体内实施了 4 口深度为 2927~3705m 的干热岩勘查孔，探明的恰卜恰干热岩体面积约 246.90km²。 依托该勘查突破及试采研究形成的"青海共和盆地干热岩勘查试采取得突破性进展"成果位列"2021 年度地质调查十大进展"之首。

地热供暖进展

2021 年，共和县城北新区地热供暖改造示范工程进入试供暖阶段，地热井出水水温高达 95℃，水量达 2241m³/d，按照"取热不取水"的模式，通过"一采一灌"和四级取热方式，实现了城北新区 1 号片区 15 万 m² 的地热供暖。

地热发电进展

海南藏族自治州利用共和县恰卜恰地区 236℃ 的优质干热岩资源，开展了试验性发电利用，干热岩试验发电装机容量 300kW，成功实现我国首次干热岩试验性发电并网。 青海省干热岩的勘查开发突破对我国干热岩勘查开发利用具有重要示范引领作用，对青海省能源结构优化具有重要战略意义。

7.3　前期管理

《青海打造国家清洁能源产业高地行动方案（2021—2030 年）》提出，稳步推进地热能等其他清洁能源发展。 深入推进共和—贵德、西宁—海东地区地热资源和共和盆地干热岩开发

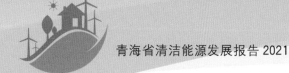

利用，实现试验性发电及推广应用。 构建以可再生能源供暖、地热供暖、电供暖为主导的清洁供暖体系，大力实施去煤供暖，城市城区优先发展清洁集中供暖，农牧区积极发展集中和分布式清洁供暖，逐步淘汰散煤、牛粪取暖，率先实现全省供暖清洁化。

《青海省"十四五"自然资源保护和利用规划》提出，充分利用光伏、风电、光热、地热等资源优势，打造国家重要的新型能源产业基地。 积极推进水热型地热、干热岩等非常规能源勘查、开发和利用，加快共和盆地干热岩试验性开采，逐步提高非化石能源的消费比重。

7.4 发展趋势及特点

地热开发的能源化利用逐渐兴起

青海省地热资源开发利用前期主要是温泉洗浴，侧重于资源化开发利用。 近年来，青海省逐步开发了西宁瑞锦湖畔家园地热供暖、共和县城北新区地热供暖、共和县上塔迈村地热农业产业园以及共和县恰卜恰干热岩试验发电等地热能源化利用项目，全省地热开发的能源化利用逐渐兴起。

清洁供暖成为当前地热开发主要方式

青海省地热相关的前期管理政策，明确了地热清洁供暖作为省内地热开发利用的主要方式，提出了推进海南藏族自治州共和盆地地热开发利用示范试验基地建设、推动兆瓦级干热岩发电项目及共和县地热供暖改造示范项目实施等举措，随着全省清洁供暖体系进一步完善，地热供暖利用水平将进一步提升。

7.5 发展建议

加强地热资源勘查

目前，青海省地热资源的勘查程度整体偏低，主要为重点区域调查评价。 除贵德县扎仓沟地区、共和县恰卜恰地区、贵德县三河平原、西宁市等开展了一些地热资源勘查评价外，大多地区没有开展地热勘查工作或勘查程度低，资源家底不清，不能满足开发利用的需求。可引进地热勘查、地热钻井相关产业，鼓励地热资源勘查开发新理论、新技术和新方法的研究、推广和应用。

加快地热能资源开发利用

在资源条件较好的共和盆地开展发电关键技术和成套装备攻关，为地热能发电规模化发

展做好技术储备。 加强干热岩资源发电、地热能供暖等新技术的研发和创新支持，降低地热供暖及发电设备的建设和运行成本。

加强政府统筹协调

加强政府对地热供暖系统及配套产业建设的总体指导和统筹协调，统一思想认识，形成联动机制，按照"责任共担、信息共享、联动监管"原则，建立地热能开发利用项目的管理和协调工作机制，制定地热能产业发展规划，依照定价权限、规则等规定，制定集中供热价格。

完善地热产业过程管理

研究制定《青海地热资源管理办法》，合理确定项目开发建设时序，有效衔接地热开发、输送、利用各环节。 采取"政府推动、部门协同、企业为主"的模式，强化项目管理，在审批地热井时，应对立项报告中的地热资源的梯级开发和综合利用予以高度关注和重视。 不断完善工作机制和评价考核体系，着力提高项目质量和成效，重视生态环境保护，促进地热能源开发利用的高质量发展。

提高信息管理水平

建设覆盖全省的地热资源管理信息系统，目标是实现立体监测、全面覆盖、智能管理、快速响应、决策支持、便捷服务。 运用互联网、物联网融合技术，对地热资源勘查、开发利用情况进行系统监测，及时、准确地掌握全省地热开采量的增减、资源利用水平等动态变化及规划实施情况，提高青海省地热能供暖管理信息化、智能化、科学化水平。

8 天然气

8.1 发展现状

我国天然气发展现状

2021 年，我国天然气产量持续增长，但增速回落，全年天然气产量 2075.8 亿 m³，同比增长 7.8%。其中，常规天然气产量 1718 亿 m³，同比增长 6.2%；页岩气产量 230 亿 m³，同比增长 14.7%；煤层气产量 104.7 亿 m³，同比下降 1.4%。2021 年，我国天然气消费快速增长，全年消费量约 3690 亿 m³，同比增长 12.5%；截至 2021 年年底，我国气电总装机容量 10859 万 kW，同比增长 8.9%，装机容量占我国各类电源总装机容量的 4.6%。

青海省天然气发展现状

青海省油气资源主要分布在柴达木盆地，是我国西北部大型含油气盆地之一。第四次全国油气资源评价显示，柴达木盆地油气总资源量为 715363 万 t，其中天然气资源量为 32127 亿 m³。截至 2020 年年底，青海省累计探明天然气储量 4128 亿 m³，柴达木盆地天然气探明率为 12.9%，具有较大勘探潜力和后发优势。2021 年，青海油田启动了英雄岭页岩油勘探工作，预测地质储量超 3 亿 t。

2021 年，青海省天然气产量 62 亿 m³，同比下降 3%，但多年维持在 60 亿 m³ 以上，居全国第 12 位。2021 年，青海省天然气消费量 38.07 亿 m³，同比增长 6%（见图 8.1）。

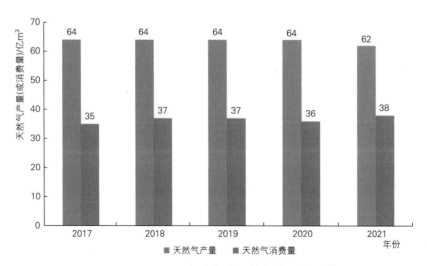

图 8.1 2017—2021 年青海省天然气产量与消费量

青海省境内天然气管道主要包括涩宁兰管道系统（含复线）和青海油田天然气管道，分

输站/阀室 11 座，青海油田长输天然气管道 4 条，涩宁兰管道系统支线管道 23 条。青海省周边干线管道有西一线、西二线、西三线、兰银线等管道系统，青海省及陇中地区可通过兰银线下载西部天然气资源，保障区域内用气需求。2021 年，建成 6 座储气站，政府储气能力为 2.5 万水立方。

8.2　发展趋势及特点

全省供暖用气占比较高

2021 年，青海省主要城市天然气供暖消费量占天然气消费总量的比重均达到五成及以上，其中德令哈市供暖耗气量占比达 90% 左右，供暖期天然气"压非保民"的供应保障压力趋大，季节调峰矛盾较为突出。

天然气调峰气电需求显现

青海省具有一定的气源优势，在全省调峰支撑电源紧缺的形势下，中石油积极推动新能源与气电融合发展项目，有利于推进于 2014 年年底因氮氧化物排放不达标而停运的格尔木 30MW 燃气电站重启，该电站上网电价 0.365 元/（kW·h）。

8.3　发展建议

适度发展调峰气电，以支撑外送通道建设为主

立足省内天然气资源供应保障，结合青海油田油气田勘探与开发实际情况，统筹全省经济社会发展趋势，适度发展调峰气电支撑跨省跨区高比例清洁电力特高压直流外送通道，探索天然气调峰气电气源供应保障与价格疏导协同机制。

统筹考虑技术经济性，探索天然气多元化应用

统筹区域智慧综合能源新业态发展趋势，鼓励气电热（冷）多能互补、多能联供的区域能源供给与服务模式，探索在适宜工业园区、城市开发区发展天然气冷热电三联供应用。统筹全省新型电力系统发展背景下应急备用电源体系建设，积极探索光热＋天然气补燃发展模式，满足全省面临可能的极端天气情况的电力供应保障安全需求。

9　新型储能

9.1 发展现状

我国新型储能发展概况

新型储能是除抽水蓄能外,以电力为主要输出形式的各类储能技术,是构建新型电力系统的重要技术和基础装备。"十三五"以来,我国新型储能行业由研发示范快速步入商业化初期,正迈向规模化发展阶段。 随着碳达峰碳中和战略的提出,新型储能迎来了发展新高潮。

2021 年,国家能源局发布了《2021 年能源监管工作要点》《电力并网运行管理规定》《电力系统辅助服务管理办法》等文件,明确新型储能可作为独立市场主体自主参与市场;通过《关于进一步完善分时电价机制的通知》《关于鼓励可再生能源发电企业自建或购买调峰能力增加并网规模的通知》等构建新型储能价格机制、成本疏导机制;同时明确电化学储能电站并网调度协议、购售电合同等新型储能参与市场规则,激发了各类市场主体投资建设运营储能电站的积极性。

2021 年,我国新型储能技术百花齐放,示范项目建设高度活跃,锂离子电池成为新型储能的主力,液流电池与钠离子电池处于研究示范阶段,压缩空气储能随着国家示范项目并网运行形成了良好的发展局面。 2021 年,我国新型储能新增并网规模在 2020 年首次突破百万千瓦大关的基础上得到进一步提高。 截至 2021 年年底,我国新型储能新增装机规模约 245 万 kW,同比增长 60%,累计装机规模达到 573 万 kW。

青海省新型储能发展概况

2021 年,国家能源局复函支持青海省开展国家储能发展先行示范区建设工作,积极推动水电储能工厂、抽水蓄能、电化学储能、太阳能光热发电等储能技术示范,加快"锂资源大省"向"锂产业强省"的转变,构建从锂矿到储能系统的锂电池产业链条。

截至 2021 年年底,青海省电化学储能项目已投运 13 个,总规模 38.2 万 kW/53.3 万 kW·h。 从源网侧看,电源侧储能项目 11 个,规模为 30 万 kW/36.9 万 kW·h,电网侧共享储能项目 2 个,规模为 8.2 万 kW/16.4 万 kW·h;从储能技术看,储能项目采用磷酸铁锂电池的占比达 85%,其余采用三元锂、全钒液流电池;从分布区域看,海南藏族自治州 10 个、海西蒙古族藏族自治州 3 个。

2021 年,青海省已形成"锂资源-材料-电芯-PACK 包"的锂电产业链,其中锂矿资源开发主要集中在海西蒙古族藏族自治州，锂电池原材料研发和锂电池研发制造主要集中在西宁市和海东市。产业上游盐湖锂资源方面，包括碳酸锂产能 12 万 t、氯化锂产能 1.1 万 t；产业中游电池材料及组装方面，包括正极材料产能 4.3 万 t（主要是碳酸铁锂）、六氟磷酸锂产能 0.2 万 t、负极材料石墨产能 2 万 t、PE 隔膜产能 5 亿 m²、锂电铜箔产能 2.5 万 t、电池壳体产能 3500 万套、电池组装产能 22.5GW·h；产业下游应用方面，包括新能源汽车动力电池 2.97GW·h、储能电池 3.97GW·h。相关产业链主要企业有青海盐湖蓝科锂业股份有限公司、青海柴达木兴华锂盐有限公司、青海恒信融锂业科技有限公司和青海弗迪锂能科技有限公司等。

9.2　重点项目及运行

2021 年，青海黄河上游水电开发有限责任公司国家光伏发电试验测试基地配套 20MW 储能电站纳入首批科技创新（储能）试点示范项目，该项目采用磷酸铁锂、三元锂、锌溴液流和全钒液流电池，建设 16 个分散式储能系统和 6 个集中式储能系统，并已开展多种储能与光伏发电系统联合运行试验。

2021 年，青海省共享储能电站包括鲁能海西多能互补储能电站、格尔木美满闵行储能电站，分别于 2019 年 4 月、2020 年 12 月参与省内调峰辅助服务市场，共享储能在技术应用、服务模式实现创新突破。截至 2021 年年底，鲁能海西多能互补储能电站累计充电 7229.2 万 kW·h，累计放电 5843.2 万 kW·h；格尔木美满闵行储能电站累计充电 1762.8 万 kW·h，累计放电 1481.8 万 kW·h。

9.3　发展方向与建议

加快电力辅助服务市场建设

明确新型储能独立市场主体地位，加快青海省电力辅助服务市场建设，吸引源网荷侧灵活性资源全面参与辅助服务。完善辅助服务成本疏导机制，建立各类市场主体共同参与的电力辅助服务成本分摊和收益共享机制。加快推进青海省电力现货市场建设，研究辅助服务市场与电能市场衔接机制，营造反映实时供需关系的电力市场环境。降低储能参与电力市场准入门槛。鼓励电源侧、用户侧建设规模化的储能设施参与全网共享。

系统性优化"新能源＋储能"项目

优化新能源电站储能配置，提高新能源发电利用率，提升新能源电站经济效益。开展"源网荷储一体化"建设，充分评估地方资源条件和消纳能力，研究制定"一体化"建设方

案，因地制宜确定电源规模与储能配比，发挥储能设施的调节作用。 对于配套建设或以共享模式落实新型储能的新能源发电项目，动态评估其系统价值和技术水平，可在竞争性配置、项目核准（备案）、并网时序、系统调度运行安排、保障利用小时数、电力辅助服务补偿考核等方面给予适当倾斜。

推动储能技术路线多元化

加强电化学储能多路线核心技术研发，加大研发投入和产业政策扶持力度，在发展锂离子电池储能产业的基础上，进一步布局铅酸电池储能、钠硫电池储能以及液流电池储能等技术路线。 积极发展共享储能，鼓励由第三方企业投资建设集中式大型独立储能电站。 进一步明确用户侧储能的市场地位，通过多种途径促进省内用户侧储能发展。 启动压缩空气储能工程研究，探索压缩空气技术可行性及应用场景，开展省内试点示范。

10　氢能

10.1　发展现状

青海省作为国家重要的清洁能源产业基地，风能、太阳能、水能等清洁能源丰富，可开发利用土地资源广阔，盐湖资源居全国首位，随着新能源制氢技术的不断进步，具备了良好氢能产业发展条件。目前，青海省氢气产能主要以天然气制氢为主，制备规模及应用领域相对有限，制、储、运、用产业链布局尚不明确，产业发展的政策措施、体制机制尚未建立健全。总体来看，青海省氢能产业发展处于培育期。

氢能产业起步探索

受经济发展基础相对薄弱因素影响，当前青海省氢能产业刚起步探索，氢气的上游制备及下游应用相对有限，中游储运、加氢等基础设施基本处于零基础，氢能产业链尚未形成。目前青海省正积极谋划氢能产业中长期发展规划，力争通过氢能产业顶层设计，明确氢能制、储、运、用等产业链各环节发展思路及重点任务，引领氢能产业高质量发展。

制氢规模及氢能应用场景有限

截至 2021 年年底，青海省氢气产能主要来自天然气制氢、工业副产氢以及少量的电解水制氢，以灰氢为主，年产量基本稳定在 9 万 t 左右，应用于化工、冶金等领域，其中约 8 万 t 天然气制氢集中应用于化肥生产行业。整体来看，青海省目前制氢规模有限、氢能应用场景单一，已形成较为匹配的供销市场格局。

清洁能源制氢潜力较大

青海省水电资源、太阳能资源、风能资源丰富，清洁能源开发可利用荒漠化土地广阔。截至 2021 年年底，青海省电力总装机容量 4114 万 kW，清洁能源发电装机容量为 3722 万 kW，其中风电、太阳能发电装机容量达到 2528 万 kW，占比超过 60%，位居全国第一。预计到 2025 年，风电、光伏发电装机容量达到 5850 万 kW，丰富的清洁能源和土地资源为大规模发展清洁能源制氢提供了良好的基础条件。

10.2　发展趋势及特点

新能源制氢成为主要发展趋势

当前青海省内电力消纳能力有限，外送受特高压廊道资源等因素制约，电力领域消纳空

间难以匹配新能源资源优势，亟待拓展新的消纳转化路径。青海省光伏度电成本和工商业电价均属于全国较低水平地区，随着电解水制氢技术的不断进步，新能源制氢模式逐步具备商业化应用条件，新能源制氢成为主要发展趋势。经初步统计，目前已有中国华电集团有限公司、国网青海省电力公司、中国石油天然气股份有限公司、中国石油化工集团有限公司、国家能源集团有限公司等多家大型国有能源企业在青海省规划布局绿氢产业，含新能源制氢、氢电耦合、风光氢氨等类型项目，主要分布在西宁市和海西蒙古族藏族自治州，"十四五"期间规划投资总额超过百亿。

潜在应用场景丰富多元

青海省盐湖资源位居全国第一，现已建成"镁、锂、钾"三大工业基地和"钾、钠、镁、锂、氯"五大产业集群，正加快建设世界级盐湖产业基地，良好的盐湖化工产业基础为氢能应用提供了多元化场景；冶金领域可充分发挥氢能高热值能源和高品质还原剂属性，在钢铁产业方面探索推进氢冶金示范应用，同时结合青海省以光伏产业为重点的新能源制造业发展方向，在晶硅领域开展绿氢替代示范。同时，随着兰西城市群和西宁海东一体化发展趋势，市政、物流、旅游等用车需求进一步增大，可开展氢燃料电池汽车示范应用。部分矿区可开展氢能重卡示范。

绿氢产业尚未形成有效投资

受地理位置、经济实力、交通运输、科技创新能力等多重因素影响，青海省氢能产业发展基础相对薄弱，氢能产业发展相关政策措施和机制还未建立，绿氢项目落地仍面临技术、成本、基础设施及政策保障等方面的阻碍。截至 2021 年年底，青海省绿氢产业尚未形成有效投资，有关开发企业和单位仍主要处于产业布局和谋划阶段。

10.3 发展建议

加快推进氢能综合应用示范

依托青海省丰富的新能源资源优势，结合电解水制氢技术进步，重点发展新能源电解水制氢，加快推行试点示范，鼓励氢能"制储加用"一体化示范项目。以绿氢作为主要工业原料，应用领先的氢合成化工、氢直接还原铁技术，推进化工、冶金领域的氢能化进程；以市政、旅游、厂矿运输等用车场景为重点，有序推广氢燃料电池汽车规模化应用；探索混氢和纯氢燃气轮机发电技术及应用试点，逐步构建具有青海特色的氢能综合应用示范区。

鼓励"风、光、氢、产"一体化发展模式

在新能源开发建设条件好、工业基础和生产要素完备的地区，充分发挥氢能的能源载体

和工业原料双重特性，构建"风、光、氢、产"一体化发展模式，推动青海省新能源、氢能、工业互补协同发展。 一体化发展模式不仅可以有效缓解青海省电力消纳紧张局势，还能够推动金属冶炼、盐湖化工等高排放、高耗能产业碳达峰碳中和，将新能源资源禀赋转化为地方产业优势和经济发展优势。

打造西部氢能科技创新和成果转化基地

瞄准氢能产业制、储、运、用各关键环节，坚持创新驱动发展，加快氢能创新体系建设，以科技创新引领氢能产业高质量发展，不断提高自主创新能力。 加强与高校、科研院所、企业等各类创新主体合作，集中突破氢能产业技术瓶颈，有序开展技术创新与示范应用，加强产业信息共享，推进上下游联动，构建氢能供需平衡、技术相互支撑、产品种类齐全的全产业链协作体系，打造我国西部氢能科技创新和成果转化基地。

构建氢能产业发展政策支撑体系

强化顶层设计，统筹考虑青海省氢能产业发展基础、氢能供应能力和消纳市场，明确青海省氢能产业发展思路，科学合理规划产业布局。 构造资源配置和财政扶持政策体系，对氢能产业链相关企业在项目审批、土地供给、资金补贴、税费减免、科技创新、人才引进等方面提供便利化条件和政策服务。 研究出台有利于推动氢能技术创新和项目孵化的金融扶持政策，探索设立氢能产业基金，推进氢能基础设施不动产投资信托基金试点等市场化融资新路径，广泛吸引社会资本共同参与氢能产业发展，构建良好政策支撑体系，引导氢能产业健康有序发展。

11　电网

11.1 发展现状

输电网规模

截至 2021 年年底，青海省 330kV 及以上输电线路长度 13061 万 km（不含用户资产，下同），同比增长 2.7%，其中交流输电线路长度 12222km，直流输电线路长度 839km；330kV 及以上变电容量 7382 万 kVA，同比增长 14.4%，其中交流变电设备容量 6522 万 kVA，直流换流设备容量 860 万 kW。

2021 年，青海省新增 330kV 及以上交流输电线路长度 318km，其中 330kV 交流输电线路长度 53km，750kV 交流输电线路长度 265km。

2021 年，青海省新增 330kV 及以上变电容量 1916 万 kVA，其中 330kV 变电容量 1196 万 kVA，750kV 变电容量 720 万 kVA。

省间及跨省区外送

截至 2021 年年底，青海省省间及跨省区外送规模约 246.24 亿 kW·h，同比降低 7.1%。其中，通过青豫直流外送 88.3 亿 kW·h，通过柴拉直流外送 10 亿 kW·h。

2021 年，青海省实现省间交易电量约 361.82 亿 kW·h，较上年增长 11.5%（见图 11.1）。其中，外购电量 115.58 亿 kW·h，同比增长 95%；外售电量 246.24 亿 kW·h，同比降低 7.1%。 2021 年，省间外购中长期交易电量 72.35 亿 kW·h，涉及陕西、新疆、宁夏、四川、甘肃和西藏（见图 11.2）；省间外售中长期交易电量 214.65 亿 kW·h，主要涉及山东、河南、陕西、宁夏、甘肃等（见图 11.3）。

电网结构与格局

目前，青海省已形成东部地区三角环网、南部地区环网的 750kV 主网架格局，330kV 东部电网以双环网为主，中西部以单环网和辐射为主，总体呈现"东密西疏"的特点。 截至 2021 年年底，青海电网通过柴拉直流与西藏联网，通过 6 回 750kV 线路与甘肃联网；直流线路（含背靠背）共 1 条，即青海—河南 ±800kV 直流特高压输电通道，是世界首条以输送新能源为主的特高压外送通道，线路长度 839km。 青海省 330kV 及以上变电站数量分布（不含用户资产）（见图 11.4）如下：

西宁市：截至 2021 年年底，西宁地区有 750kV 变电站 2 座，变电容量 8700MVA；330kV

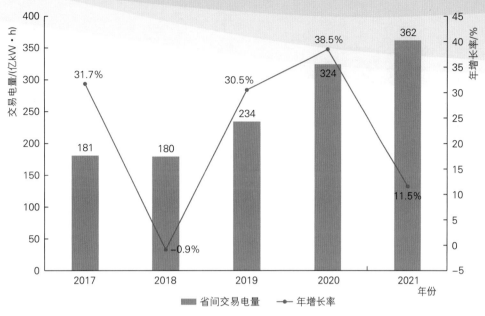

图 11.1 2017—2021 年青海电网省间交易电量及变化

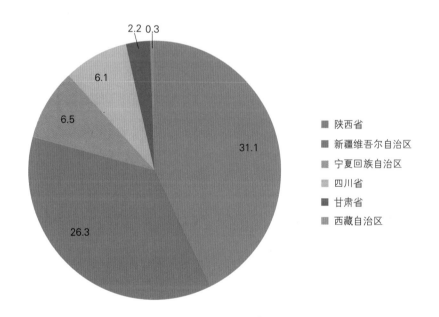

图 11.2 2021 年青海电网省间外购中长期交易外购电量(单位:亿 kW·h)

变电站 15 座,主变容量 12840MVA(不含用户资产,下同)。

海东市:截至 2021 年年底,海东地区有 750kV 变电站 2 座,变电容量 6000MVA;330kV 变电站 6 座,主变容量 3360MVA。

海西蒙古族藏族自治州:截至 2021 年年底,海西地区有 750kV 变电站 4 座,变电容量 10200MVA;330kV 变电站 17 座,主变容量 8010MVA。

海南藏族自治州:截至 2021 年年底,海南地区有 750kV 变电站 3 座,变电容量 14700MVA;330kV 变电站 1 座,主变容量 240MVA。

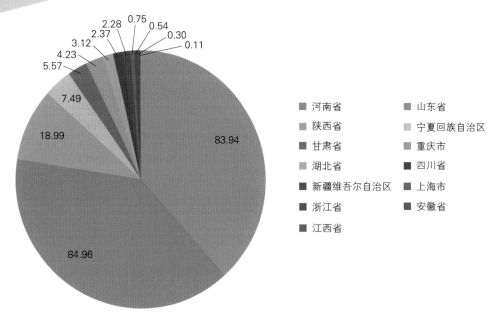

图 11.3 2021 年青海电网省间外购中长期交易外售电量(单位:亿 kW·h)

海北藏族自治州:截至 2021 年年底,海北地区有 330kV 变电站 1 座,主变容量 480MVA。

黄南藏族自治州:截至 2021 年年底,黄南地区无 750kV 变电站与 330kV 变电站。

果洛藏族自治州:截至 2021 年年底,果洛地区有 330kV 变电站 2 座,主变容量 390MVA。

玉树藏族自治州:截至 2021 年年底,玉树地区有 330kV 变电站 1 座,主变容量 300MVA。

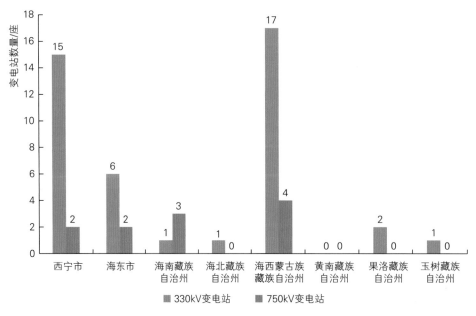

图 11.4 青海省 330kV 及以上变电站数量分布(不含用户资产)

配电网概况

当前，青海省配电网通过实施城网及农网巩固提升工程，网架不断加强，供电范围进一步延伸。截至 2021 年年底，青海省仅剩 10 个乡未被大电网覆盖，主要分布在玉树藏族自治州（9 个乡）、海西蒙古族藏族自治州（1 个乡）。城乡分布式光伏、三江源清洁供暖等工程的实施，给区域配电网的供电与接入能力带来较大挑战。

截至 2021 年年底，青海省高压配电网变电容量约 1488.35 万 kVA，同比增长 3.94%，高压配电网线路长度约 22864.34km，同比增长 0.28%。

11.2　重点工程

2021 年，青海省电网全部投资约 71.5 亿元，同比增长 12%。其中，主网架新建及扩建工程投资约 34.67 亿元，城网、农网等新建及扩建工程投资约 26.74 亿元，结转等其他投资约 10.09 亿元。

2021 年，青海省主网架重点工程包括建成西宁北 750kV 输变电工程、鱼卡—托素双回 750kV 线路工程、西宁—合乐—塔拉第三回 750kV 线路工程，在建德令哈 750kV 输变电工程、郭隆—武胜Ⅲ回 750kV 线路工程。昆仑山 750kV 输变电工程于 12 月完成核准，红旗 750kV 输变电工程正在开展可行性研究工作。

2021 年 3 月，青豫直流近区 21 台新能源分布式调相机与新能源场站参数改造开工建设，9 月 2 日首台调相机并网运行，年底完成 19 台调相机并网，成为世界首个大规模新能源分布式调相机群，青豫直流日间输电功率得到有效提升，基本实现过渡期送电目标。

11.3　电网运行

电力技术经济指标

2021 年，青海省火电年利用小时数 3656h，同比增长 1084h，增幅 42%，比全国平均水平低 792h（见图 11.5）。2021 年，青海省电网线损率 3.89%，比 2020 年提高 0.19 个百分点。2020 年，青海省电厂发电标准煤耗 299.6g 标煤/（kW·h）、供电煤耗 318.9g 标煤/（kW·h）（6MW 及以上火电机组），水电、火电、风电、太阳能发电的厂用电率分别为 0.18%、6.09%、0.36%、0.5%，比全国低 0.07 个百分点、0.11 个百分点、1.17 个百分点、0.54 个百分点。

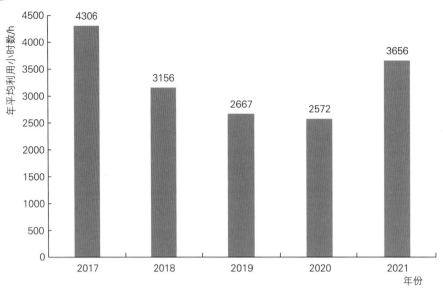

图 11.5　2017—2021 年青海省火电年利用小时数对比

青海电网"绿电"行动

2021 年，国网青海省电力公司持续开展全清洁能源供电活动，连续 5 年分别实施了"绿电 7 天""绿电 9 天""绿电 15 天""绿电三江源 100 天"暨全省"绿电 31 天""绿电 7 月在青海"全清洁能源供电行动，刷新并保持全清洁能源供电的世界纪录。青海电网光伏大发时段新能源出力超全网用电负荷，新能源发电出力连续突破千万千瓦，创历史新高。

全国首创"电力高频数据碳排放"智能监测平台

该平台为碳排放在线计算探索出来一条崭新的路径，大大缩短了"碳排放"监测分析周期，首次实现了青海全省碳排放日频度监测、月频度分析，标志着青海省在"碳排放"大数据监测分析领域的探索取得里程碑式突破。

电价及输配电价水平

2021 年，青海省居民生活用电电价 0.3771 元/（kW·h）[1]，农业生产用电电价 0.3417 元/（kW·h）。

2021 年，青海省燃煤火电基准上网电价为 0.3247 元/（kW·h），风电、光伏平价上网电价为 0.2277 元/（kW·h）；青海电网 110kV、35kV、10kV 大工业用电输配电价分别为 0.0659 元/（kW·h）、0.0759 元/（kW·h）、0.0859 元/（kW·h），处于全国较低水平（见图 11.6）。

---

[1] 含国家重大水利工程建设基金；除农业生产用电外，均含大中型水库移民后期扶持基金、清洁能源电价附加。

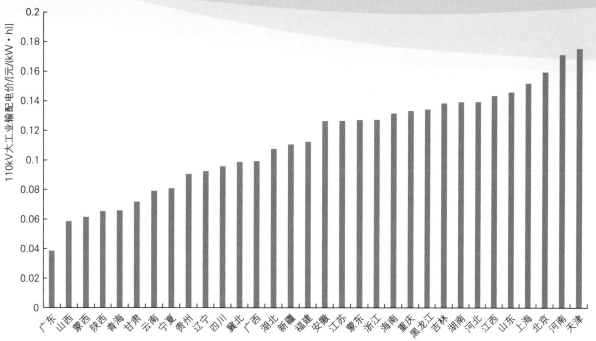

图 11.6　全国 110kV 大工业用电输配电价图

11.4　发展方向与建议

逐步推进青豫直流满功率运行

青豫 ±800kV 直流特高压输电通道一期输送功率为 400 万 kW，随着李家峡 5 号机组扩机（40 万 kW）、玛尔挡水电站（220 万 kW）、羊曲水电站（120 万 kW）在建工程的逐步投运，将有利于保障青豫直流送电功率由 400 万 kW 逐步提升至 800 万 kW，多措并举实现青豫直流实现满功率运行。

持续谋划新增跨省区外送通道

随着青海省打造国家清洁能源产业高地的不断深入，青海省将不断强化省内清洁能源消纳与跨省区清洁能源外送，伴随国家"三类一区"大型风电、光伏基地持续开发建设，配套谋划新增特高压外送通道工作将进一步加快，中东部、南方电网都成为潜在主要受端落点区域。

电网与清洁能源开发融合发展

在全省流域一体化、源网荷储一体化模式发展背景下，随着青海省两大千万千瓦级清洁能源基地的不断深化打造，资源富集区的清洁电力开发将持续带动全省主网架发展，对于清

洁能源与电网的协同发展提出了更高要求，需要持续做好一体化协同规划，不断促进电源、电网及通道的统一规划、协同布局。

建立健全电价疏导机制

2021 年，青海省成为国家电网首批 3 个新型电力系统省级示范区之一。随着青海省新型电力系统建设的持续推进，青海电网正面临电源结构、负荷特性、电网形态、技术基础、运行特性"五大转变"，抽水蓄能、电化学储能、调相机、光热、调峰火电等电网调节性、支撑性设备规模将不断增加，全省发用电成本呈上升趋势，需统筹青海省、西北区域、受端省份的清洁能源产业发展趋势，研究青海电价疏导机制，为全省后续有关决策部署提供指导。

12 政策要点

12.1 国家政策

（1）2021年2月，国家发展和改革委员会、国家能源局发布了《关于推进电力源网荷储一体化和多能互补发展的指导意见》（发改能源规〔2021〕280号），提出了电力源网荷储一体化和多能互补的重要意义、总体要求、实施路径、实施重点和政策措施，明确了坚持清洁低碳、坚定安全为本，强化主动调节、减轻系统压力，明确清晰界面、统筹运行调节，均等权利义务、实现共享共赢的总基调。

（2）2021年4月，国家能源局发布了《2021年能源工作指导意见》，明确了2021年能源结构、能源供应、科技创新的主要预期目标，强调能源预测预警，提出要坚持底线思维和问题导向，补短板、强弱项、促转型，提高能源供给保障能力，加强能源供需形势分析研判，确保能源安全稳定供应。

（3）2021年4月，国家发展和改革委员会发布了《关于进一步完善抽水蓄能价格形成机制的意见》（发改价格〔2021〕633号），明确以竞争性方式形成电量电价，强调完善容量电价核定机制，健全抽水蓄能电站费用分摊疏导方式，强化抽水蓄能电站建设运行管理。

（4）2021年5月，国家发展和改革委员会、国家能源局发布了《关于2021年可再生能源电力消纳责任权重及有关事项的通知》（发改能源〔2021〕704号），统筹提出了各省级行政区域2021年可再生能源电力消费责任权重和2022年预期目标。

（5）2021年5月，国家能源局印发了《关于2021年风电、光伏发电开发建设有关事项的通知》（国能发新能〔2021〕25号），提出强化可再生能源电力消纳责任权重引导机制，建立保障性并网、市场化并网等并网多元保障机制，推进存量项目、户用光伏发电项目建设。

（6）2021年5月，国家发展和改革委员会、国家能源局发布了《关于做好新能源配套送出工程投资建设有关事项的通知》（发改办运行〔2021〕445号），明确了新能源配套送出工程的承建主体及方式，以满足快速增长的并网消纳需求。

（7）2021年6月，国家发展和改革委员会发布了《关于2021年新能源上网电价政策有关事项的通知》（发改价格〔2021〕833号），规定了集中式光伏电站、工商业分布式光伏项目、新核准陆上风电项目、新核准（备案）海上风电项目、光热发电项目的上网电价。

（8）2021年6月，国家发展和改革委员会印发了《天然气管道运输价格管理办法（暂行）》和《天然气管道运输定价成本监审办法（暂行）》（发改价格规〔2021〕818号），规定了跨省天然气管道运输价格的定价原则、方法和程序，以及明确了管输的定价成本构成和核算办法。

（9）2021 年 7 月，国家发展和改革委员会、国家能源局联合印发了《关于加快推动新型储能发展的指导意见》（发改能源规〔2021〕1051 号），提出了完善储能价格回收机制、支持共享储能发展的发展方向，明确电源侧着力建设系统友好型新能源电站和多能互补的大型清洁能源基地，电网侧围绕提升系统灵活调节能力、安全稳定水平、供电保障能力合理布局，用户侧鼓励围绕跨界融合和商业模式探索创新。

（10）2021 年 8 月，国家发展和改革委员会、财政部、国家能源局联合印发了《2021 年生物质发电项目建设工作方案》（发改能源〔2021〕1190 号），明确了 2021 年生物质发电项目补贴央地分担规则，确定了"以收定补、央地分担、分类管理、平稳发展"的总体思路。

（11）2021 年 9 月，国家发展和改革委员会印发了《完善能源消费强度和总量双控制度方案》（发改环资〔2021〕1310 号），明确了新时期做好能耗双控工作的总体要求、主要目标、工作任务和保障措施。

（12）2021 年 9 月，国家能源局公布了《整县（市、区）屋顶分布式光伏开发试点名单》（国能综通新能〔2021〕84 号），将各省（自治区、直辖市）及新疆生产建设兵团报送的 676 个试点县（市、区），全部列为整县（市、区）屋顶分布式光伏开发试点，青海省有 32 个试点县（市、区）。

（13）2021 年 9 月，中共中央、国务院印发了《关于完整准确全面贯彻新发展理念做好碳达峰碳中和工作的意见》，提出积极发展非化石能源，实施可再生能源替代行动，大力发展风能、太阳能、生物质能、海洋能、地热能等，不断提高非化石能源消费比重，坚持集中式与分布式并举，优先推动风能、太阳能就地就近开发利用，构建以新能源为主体的新型电力系统。

（14）2021 年 10 月，国务院印发了《2030 年前碳达峰行动方案》，明确了"总体部署、分类施策，系统推进、重点突破，双轮驱动、两手发力，稳妥有序、安全降碳"的工作原则，提出了非化石能源消费比重提高、能源利用效率提升、二氧化碳排放强度降低等主要目标。

（15）2021 年 12 月，国家能源局印发了《电力并网运行管理规定》（国能发监管规〔2021〕60 号）和《电力辅助服务管理办法》（国能发监管规〔2021〕61 号），提出新能源、新型储能、负荷侧并网主体的并网技术及管理要求，明确扩大电力辅助服务新主体范围。

（16）2021 年 12 月，国家能源局印发了《能源领域深化"放管服"改革优化营商环境实施意见》（国能发法改〔2021〕63 号），提出简化新能源项目行政审批手续，推进多能互补一体化和综合能源服务发展，推动分布式发电市场化交易，建立健全能源低碳转型的长效机制，探索包容审慎监管新方式。

（17）2021 年 12 月，国家能源局、农业农村部、国家乡村振兴局印发了《加快农村能源转型发展助力乡村振兴的实施意见》（国能发规划〔2021〕66 号），提出将能源绿色低碳发展作为乡村振兴的重要基础和动力，推动构建清洁低碳、多能融合的现代农村能源体系，推动千村万户电力自发自用，明确支持县域清洁能源规模化开发。

（18）2021 年 12 月，工业和信息化部、住房和城乡建设部、交通运输部、农业农村部、国家能源局印发了《智能光伏产业创新发展行动计划（2021—2025 年）》（工信部联电子〔2021〕226 号），提出在有条件的城镇和农村地区，统筹推进居民屋面智能光伏系统，推广太阳能屋顶系统，开展区域级光伏分布式应用示范，开展"光储直柔"建筑建设示范。

12.2　省部共建政策

（1）2021 年 7 月，青海省人民政府、国家能源局印发了《青海打造国家清洁能源产业高地行动方案（2021—2030 年）》（青政〔2021〕36 号），该《方案》经省委第 142 次常委会会议、省政府第 81 次常务会议和省部共建青海国家清洁能源示范省第一次协调推进会审议通过，提出以服务全国碳达峰、碳中和目标为己任，以"双主导"推动"双脱钩"。到 2025 年，国家清洁能源产业高地初具规模，黄河上游清洁能源基地建设稳步推进，清洁能源发电装机容量达 8226 万 kW、占比达 96%，清洁能源发电量占比达 95%，清洁能源发展的全国领先地位进一步提升。到 2030 年，国家清洁能源产业高地基本建成，零碳电力系统基本建成，清洁能源发电装机容量达 14524 万 kW、占比达 100%，清洁能源发电量占比达 100%，光伏制造业、储能制造业产值分别过千亿元，力争实现"双脱钩"，为全国能源结构优化，如期实现碳达峰、碳中和目标作出"青海贡献"。《方案》明确了 29 项工作任务，对应"六大行动"——清洁能源开发行动、新型电力系统构建行动、清洁能源替代行动、储能多元化打造行动、产业升级推动行动、发展机制建设行动。

（2）2021 年 8 月，省部共建青海国家清洁能源示范省协调推进工作组印发了《省部共建青海国家清洁能源示范省 2021 年度任务清单》，从国家能源局、青海省及相关企业两个层面部署了工作任务，其中工作要点共计 6 项，分别为建设青豫直流配套电源项目、建设坚强电网、建设储能发展先行示范区、建设"源网荷储"和"多能互补"一体化项目、举办"一带一路"清洁能源发展论坛、成立省部共建专家咨询委员会。

12.3　青海省政策

（1）2021 年 9 月，青海省发展和改革委员会、青海省工业和信息化厅转发《关于鼓励可再生能源发电企业自建或购买调峰能力增加并网规模的通知》，提出优先按照源网荷储模式进行建设，新能源装机规模要与配套新增负荷规模相匹配。新能源项目建设时序应与新增用电负荷有效衔接，原则上新能源项目应与新增用电负荷同期投产。

（2）2021 年 11 月，青海省能源局印发了《2021 年青海省新能源开发建设方案》（青能新能〔2021〕155 号），提出了保障性并网项目、大型风电光伏基地项目、市场化并网项目、屋顶分布式光伏项目的工作要求。

（3）2021 年 12 月，青海省发展和改革委员会印发了《关于进一步完善青海电网峰谷分时电价的通知》，提出通过科学划分峰谷时段、拉大峰谷分时电价浮动比例、设立尖峰电价机制，进一步完善青海电网峰谷分时电价，充分利用分时电价价格杠杆作用，更好地引导用户削峰填谷、改善电力供需状况，服务以新能源为主体的新型电力系统建设。

13 热点研究方向

新能源基地开发与荒漠化治理的协同发展研究

2022 年年初，国家发展和改革委员会、国家能源局联合印发《关于完善能源绿色低碳转型体制机制和政策措施的意见》，提出以沙漠、戈壁、荒漠地区为重点，加快推进大型风电、光伏发电基地建设。青海省将结合区内荒漠地区，适当扩展至油气田、盐碱地等地区，推进大型风电、光伏发电基地建设，统筹自用与外送基地开发建设，推动能源绿色低碳转型、提高能源安全保障能力。

国家黄河几字湾、黄河上游清洁能源基地研究

2021 年 3 月，第十三届全国人大四次会议审议通过《中华人民共和国国民经济和社会发展第十四个五年规划和 2035 年远景目标纲要》，《纲要》指出，"十四五"期间将重点发展九大清洁能源基地、四大海上风电基地。青海省将紧扣国家黄河几字湾、黄河上游清洁能源基地等战略布局，在海西蒙古族藏族自治州、海南藏族自治州等地区有序推进新能源基地开发建设，打造综合应用示范区。

"水风光一体化"可再生能源综合基地规划研究

国家能源局于 2022 年年初印发《关于开展全国主要流域可再生能源一体化规划研究有关事项的通知》，鼓励各省（自治区、直辖市）开展以水风光为主的可再生能源一体化布局研究。青海省将依托省内丰富的水能资源，重点围绕水风光一体化资源配置、一体化规划建设、一体化调度运行、一体化经济性评价、一体化消纳等方面开展特性研究，提出黄河"水风光一体化"可再生能源综合基地布局，提升可再生能源存储和消纳能力。

多元化并网机制促进新能源消纳研究

开展新能源多元化并网机制研究，重点探索实施工业园区清洁能源替代、源网荷储一体化、风光制氢一体化等示范项目，深入挖掘新增负荷消纳能力，发挥新能源、负荷、储能协调互济能力，促进新能源消纳利用，探索碳达峰碳中和先行示范。

抽水蓄能应用研究

在构建以新能源为主体的新型电力系统，实现碳达峰碳中和目标的新形势下，积极开发建设抽水蓄能电站恰逢其时、势在必行。抽水蓄能电站运行灵活，是电力系统主要的调节电源，对保障电网安全稳定运行、促进新能源消纳、构建以新能源为主体的新型电力系统具有

重要意义。青海省具有丰富的水能资源,结合全国抽水蓄能中长期发展规划,推进青海省抽水蓄能电站规划建设。

绿证交易、绿电交易推进研究

落实新增可再生能源和原料用能不纳入能源消费总量控制要求,统筹推动绿色电力交易、绿证交易,引导市场化用户通过购买绿证或绿电促进能源"双控"达标。同时推进与碳排放权交易的衔接,结合国家及各省(自治区、直辖市)碳市场相关行业核算报告技术规范,研究在排放量核算中将绿色电力相关碳排放量予以扣减的可行性。

"光伏+"多场景融合发展研究

青海省太阳能资源丰富,推动一批以太阳能发电与荒漠化土地、油气田、盐碱地等生态修复治理相结合的太阳能发电基地,在全面平价的基础上打造"生态修复+光伏发电"绿色引领的新能源生态修复基地,实现"板上发电+板下种草+光伏羊"的产、销模式,实现能源建设、经济效益和环境治理共赢发展。

新能源与氢能耦合技术推广应用

2022年3月,国家发展和改革委员会、国家能源局联合印发《氢能产业发展中长期规划(2021—2035年)》,明确氢能是战略性新兴产业的重点方向,是构建绿色低碳产业体系、打造产业转型升级的新增长点。持续推进绿色低碳氢能制取,在风光水电资源丰富地区,开展可再生能源制氢示范,逐步扩大示范规模。开展新能源与氢能耦合技术及产业推广应用示范工程,促进氢制备、氢储运、加氢站、燃料电池及核心零部件等产业链形成。使氢能成为新型电力系统的灵活性资源、长周期储能和外送新载体,缓解消纳、外送压力,成为新型电力系统的重要组成部分。

一体化光热发电开发模式研究

光热发电存在系统复杂、成本过高的特点,度电成本居高不下。在补贴取消后,独立投资运行难以为继,上下游相关产业链均会受到影响。依据国家及青海省政策,结合风电、光伏发电度电成本低的特点,充分发挥光热电站在调节和储存方面的优势,开展风电、光伏与光热发电联合开发模式研究,促进光热发电行业可持续发展。同时开展光热发电核心技术攻关、工程施工技术和配套设备创新,研发具有自主知识产权的集成技术,推进光热发电开发建设成本不断下降。

太阳能电池板资源化回收利用研究

中国新增和累计光伏发电装机容量均为全球第一,基于光伏组件寿命,预测到2050年,

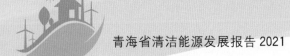

中国废弃光伏组件将达 2000 万 t 左右。 加快废旧太阳能电池板资源化回收利用研究，开展规模化回收试点推广应用，对清洁能源高质量发展具有重要意义。

地热能供暖应用研究

研究地热能在供暖领域的用能替代，由城市向重点乡镇普及。 在重点城市中心城区，以"集中与分散相结合"的方式，在主要城镇老旧城区改造中，研究中深层地热供暖与城镇基础设施建设、新农村建设融合发展的方式，推进城市新区地热能供暖建设，创新城市用能新模式。

新型储能配套政策、管理体系研究

青海省新能源装机占比位居全国第一，新型储能是保证新能源消纳的重要支撑，为促进储能规模化和高质量发展，需要研究储能价格机制、储能项目激励机制、审批并网流程、储能调度管理机制等配套政策、管理体系。 探索推广独立共享储能模式，推进源网荷储一体化发展模式。

清洁能源就地直接利用研究

在工业园区高耗能企业、大数据中心等区域开展清洁能源替代研究，提高清洁能源消纳比重。 研究"绿电＋绿氢"模式，带动氢燃料电池汽车在物流、公交、环卫等领域示范应用。 研究清洁能源与电蓄热锅炉、电热膜、石墨烯取暖器、空气源热泵等电采暖设施的结合，进一步推广清洁能源供热。

声　　明

　　本报告内容未经许可，任何单位和个人不得以任何形式复制、转载。

　　本报告相关内容、数据及观点仅供参考，不构成投资等决策依据，青海省能源局、水电水利规划设计总院不对因使用本报告内容导致的损失承担任何责任。

　　本报告中部分数据因四舍五入的原因，存在总计与分项合计不等的情况。

　　本报告部分数据及图片引自国家发展和改革委员会、国家能源局、青海省统计局、国网青海省电力公司、青海省电力交易中心、青海省气候中心等单位发布的文件，以及 2021 年全国电力工业统计快报、《中国可再生能源发展报告 2021》、《中国能源发展报告 2022》、《中国风电行业发展报告 2021》、《中国光伏发电行业发展报告 2021》、《中国生物质发电行业发展报告 2021》等统计数据报告，在此一并致谢！